국토해양부제정

건축공사표준시방서 해설

조경공사

대한건축학회

집필자

신상섭　우석대학교 조경도시디자인학과 교수

머리말

우리나라 건설산업은 짧은 역사에도 불구하고 국가경제발전을 주도하면서 꾸준히 성장하여 왔으며, 건설시장 규모면에서 세계 10위권에 진입하게 되었습니다. 건설산업에서 주택사업을 포함한 건축분야가 차지하는 비중은 매우 크다고 할 수 있습니다. 일반적으로 건축공사는 설계도면과 시방서에 근거하여 수행됩니다. 그 중에서도 시방서는 설계도면에 표현할 수 없는 건축자재의 특성과 건축공법의 적용절차에 대한 정보를 제공하는 필수적인 지침서라고 할 수 있습니다. 최근의 건축프로젝트는 건설기술의 발전과 더불어 대규모화, 초고층화 복합화 되어 가는 추세입니다. 따라서 이러한 건축프로젝트의 체계적인 관리와 시설물의 품질확보를 위한 시방서의 역할이 더욱 중요하게 되었습니다.

우리 학회에서는 국토해양부의 지원을 받아서 1967년 건축공사표준시방서를 제정 발간한 이래 주기적으로 개정 · 보완해왔습니다. 특히 2006년에는 건축공사표준시방서의 구성체계를 글로벌 스탠다드에 부합하도록 전면 개편하고, 신공법과 신자재의 활용을 적극 장려하기 위하여 시방서의 내용을 대폭 보완하였습니다. 그동안 건축공사표준시방서를 건설실무에 적용하는 과정에서 상호 이해가 부족하여 건축공사 참여주체 사이에 불필요한 분쟁을 야기하는 경우가 발생하기도 하였습니다. 이에 우리 학회에서는 표준시방서에 대한 해설서의 필요성을 인지하고 주요 공정에 대한 해설서를 집필하여 출판하게 되었습니다. 해설서는 적용사례와 도표 등을 활용하여 시방서의 내용을 잘 이해할 수 있도록 구체적으로 기술하였습니다.

올해 처음으로 발간되는 해설서가 건축실무를 담당하는 건축기술자들의 공사수행에 도움이 되고, 더 나아가 건축공사의 생산성 향상과 품질확보에 기여하길 희망합니다. 우리 학회에서는 단계적으로 시방서의 모든 공종에 대한 해설서를 작성할 계획으로 있습니다. 또한 건축기술자들의 의견을 수렴하여 시방서의 내용을 수시로 보완하고, 시방서의 구성체계와 서술방법 등을 지속적으로 개정하여 국제적 수준의 시방서를 갖추어 나가도록 최선을 다하겠습니다.

이번 해설서의 발간을 위해 수고해 주신 시방서위원회 위원장을 비롯한 집필진과 편집위원 및 자문위원들의 노고에 깊이 감사를 드리며, 기꺼이 출판을 맡아주신 기문당의 관계자 여러분께 감사의 뜻을 전합니다.

2009년 1월

대 한 건 축 학 회

회 장 손 장 열

차 례

20000

조경공사

20010 | 조경공사 일반

1. 일반사항

1.1 적용범위

가. 이 장은 건축공사에 부대되는 조경공사 일반에 적용한다.

나. 조경기반 조성공사(토공, 배수 등)와 포장, 관수, 식재 및 각종 조경시설, 구조물 설치공사, 조경석공사는 물론 건축물에 부속되는 옥상조경, 실내조경 등을 포함한다.

다. 특수 놀이 및 운동시설, 생태복원, 조경유지관리공사는 제외하되, 필요한 경우 조경공사표준시방서의 관련조항을 적용한다.

1.2 적용규준

가. 공사수행에 있어서의 적용규준은 설계도서에 따르되 설계도서에 규정되어 있지 않은 사항은 동등 이상의 국제규격 또는 건설기술관리법규 제34조(설계 및 시공기준)의 규정에 의한 건설공사설계기준, 건설공사시공기준 및 표준시방서, 그리고 산업표준화법규 제10조(한국산업규격) 규정의 한국산업규격에 의한다.

나. 설계도서에 완전하게 규정되어 있지 않은 자재나 설비 등을 공사에 사용하고자 하는 경우에는 국제적으로 공인 받고 있는 표준이나 기준 또는 한국산업규격에 적합하거나 유사한 공사에서 사용한 예가 있는 것으로 하되 담당원의 승인을 받아야 한다.

다. 공사용 자재 및 재료로써 환경기술개발및지원에관한법률에 따라 환경표지(환경마크)의 사용인증을 받은 자재 또는 재료가 있는 경우 동 자재 및 재료를 우선 사용한다.

1.3 현장시공조건

가. 건축, 토목 등의 선행공사로부터 연결되어 조경공사가 시행되는 경우의 공사현장 인도 및 인수는 선행공사로 인한 제반 공사 장애요인이 완전히 정리된 조건으로 한다.

나. 식재지역에 선행공사에 의한 쓰레기 및 모르타르, 벽돌, 블록 등 공사 관련 폐자재 등의 식재 부적합토가 매립된 경우에는 반드시 식재용토로 교체한 후 식재하여야 하며 이에 대한 비용은 원인 행위자 부담으로 별도로 정산되어야 한다.

1.4 공사 상호간의 협력

가. 타 공사와 동시에 진행되어야 할 필요가 있는 경우에는 선후공종에 하자나 공정상의 지연이 생기지 않도록 하여야 한다.

나. 수급인은 당해 공사와 연계되어 분리 발주된 모든 공사 수급인과의 상호마찰을 방지하고 전체공사가 계획대로 완성될 수 있도록 공사의 선후 또는 병행시행, 공사착수시기, 공사 진행속도, 공사범위, 공사 준비, 공사물 보호 및 가설시설 등에 대하여 협의하여야 하며, 협의과정에서 도출된 사항에 대하여는 발주자에게 설계변경을 요청할 수 있다.

다. 토목공사가 시행되는 포장구역 안에 설치되는 조경시설은 토목공사 책임자와 협의하여 주위가 미려하게 마감될 수 있도록 한다.

1.5 공사사진

공종에 따른 사진촬영 대상 부위는 표 20010.1과 같으며, 기타 공사의 품질확인 또는 공사의 변경을 요하는 경우 이를 포함한다.

표 20010. 1공종에 따른 사진촬영 내용

공사의 종류	시 점	내 용
조경구조물공사	터파기 후	매설심도 및 바닥상태
	철근조립 후	조립상태
	거푸집 제거 후	규격 및 마감상태
배관, 관수, 수경시설공사	배관 완료 후	매설심도 및 배관상태
조경포장공사	원지반 다짐 후	평탄성
	표층다짐 및 포설 후	다짐두께 및 평탄성
놀이터, 운동장 조성공사	바닥정지 후	정지상태 및 모래포설, 마사토 다짐두께
식재공사	식재면 고르기 후	면 고르기 상태
	식재 · 잔디 시공 후	식재, 잔디 시공처리상태

| 해 설 |

공사와 관련된 공정사진은 담당원과 협의하여 매월 말을 기준으로 동일 방향, 동일 거리에서 촬영하여야 하고, 공사기록 사진은 공종별로 공사 진행에 따라 시공 전, 시공 중 및 시공 후의 상황이 선명하게 식별되도록 하며 공사시공 중 매몰되어 나타나지 않는 부분과 기타 담당원이 지시하는 부분을 수시로 촬영 · 기록해야 한다.

한편, 공정사진과 공사기록 사진은 공사현장에 사진첩으로 비치해야 하고, 준공검사원과 함께 제출해야 하며, 공사중의 사진첩 제출은 공사시방서 또는 담당원의 지시에 따르도록 한다.

1.6 공사기간

1.6.1 일 반

가. 시공 후 잔류침하에 의한 후속 공사물의 파손위험이 예상되는 경우에는 잔류침하가 허용범위 내에 도달할 때까지의 기간을 감안하여 충분한 공사기간을 설정해야 한다.
나. 연결 및 중복공사로 인하여 공사의 원활한 진행에 문제가 있다고 판단되는 경우에는 수급인은 발주자와 협의하여 공사기간을 조정할 수 있다.

1.6.2 공사기간의 확보

가. 부적기 식재, 천재지변 등 공사의 지연이 불가피한 경우에는 담당원의 승인을 받아 공사기간을 연장할 수 있다.
나. 식재공사 기한이 부적기에 해당되는 경우, 식재공사 기한은 식재 적기 완료일 후로부터의 기간만큼 차기의 식재적기로 이월한다. 단 식재공사 기한이 식재 적기 완료일 후로부터 10일 이내일 경우 또는 지역별 기후 및 현장여건을 감안하여 계속 시공이 가능할 경우에는 하자발생 예방을 위한 양생 및 보호조치 등을 하여 담당원의 승인을 받고 계속 공사하여 준공처리할 수 있다.
다. 이월된 식재공사는 이월공사기간에도 불구하고 식재적기 개시일로부터 최소 15일 이상의 공사기간이 확보되어야 하며, 최소 공사기간은 공사종류와 규모에 따라 차이가 있으므로 담당원과 협의하여 결정한다.
라. 식재공사 기한이 차기의 식재적기로 이월되더라도 식재공사를 제외한 타 공사의 공사기한은 이월되지 않는다. 단 관련공사(건축, 토목 등)의 공사기한이 동절기 물공사 중단기간 등에 해당될 경우에 한하여 시설물 및 기타 공사의 공사기한도 식재공사와 같이 이월된다.

1.7. 기상조건

1.7.1 흙공사

가. 흙이 동결되어 있을 경우에는 흙쌓기, 되메우기, 관의 매설작업을 중지한다.
나. 기존 지반, 진행중인 공사 또는 완성된 공사에 손상을 주거나 해로울 수 있는 일기조건 중에는 터파기 작업을 해서는 안 된다.
다. 강우, 과습 또는 이상건조 시에는 작업시행 여부를 담당원과 협의한다.
라. 강우 등으로 인하여 흙다짐 최적 함수율보다 과습할 경우에는 되메우기 작업을 중지한다.

1.7.2 콘크리트 공사

가. 콘크리트 및 모르타르 공사는 일평균기온 4℃ 이상에서 시행해야 하며, 불가피하게 공사를 수행해야 할 경우에는 담당원의 승인을 받아 필요한 보온조치를 해야 한다.

나. 외기의 최고온도가 30℃를 초과하면 콘크리트를 냉각시킬 수 있는 방법에 대하여 담당원과 상의해야 하며, 외기의 온도가 0℃ 이하로 내려가거나 콘크리트를 치는 동안 0℃ 이하로 내려갈 것으로 예상되는 경우에는 보온조치에 대하여 담당원과 상의해야 한다.

1.7.3 식재공사

가. 식재공사는 해당 공사지역의 식재 적기를 감안하여 정한다.

나. 적기 식재에도 불구하고 기온이 2℃ 미만 32℃ 이상, 평균풍속 48km/h를 초과하는 경우에는 공사를 중지해야 한다.

다. 강우시 또는 이상기후일 경우, 담당원이 승인한 경우가 아니라면 식재작업을 해서는 안 된다.

| 해 설 |

식재 적기는 설계서에 따로 명시되지 않은 경우 다음 표를 기준으로 하되, 당해지구의 현장여건, 기후, 수종 등을 종합적으로 판단하여 담당원과 협의하여 조정할 수 있다.

식재 적기 판단기준

구 분	해 당 지 역	식 재 적 기
중북부지역	경기북부, 강원	3월 20일~5월 25일, 9월 25일~11월 20일
중부지역	경기남부, 서울, 인천, 충북, 충남북부, 경북북부	3월 10일~5월 20일, 10월 1일~11월 30일
남부지역	동해안, 충남남부, 대전, 전북, 전남, 광주, 경북남부, 대구, 경남, 울산	3월 1일~5월 15일, 10월 5일~12월 10일
남해안지역	전남·경남의 해안, 부산 및 도서지구	2월 20일~5월 10일, 10월 10일~12월 20일
제주지역	제주	2월 10일~5월 5일, 10월 20일~1월 10일

1.8 환경관리

가. 강우에 의한 토사유출로 환경피해가 발생하지 않도록 방지시설을 설치한다.

나. 공사차량 운행시 먼지발생 등의 폐해를 억제하기 위한 제반시설(세륜시설 등)을 설치하고 필요한 조치를 취한다.

다. 시멘트 가루, 콘크리트 잔재물 등 수목생육에 유해한 물질이 인근의 식재지로 유입되지 않도록 해야 한다.

라. 가로수 등의 포장지역 식재에는 작업 도중 발생하는 토사로 도로 등이 더렵혀지지 않도록 한다.

마. 공사 준공 전에 식재 후 남은 돌, 흙, 전지 및 전정에 의한 지엽의 잔재, 지주목 토막, 기타 오물 및 쓰레기 등을 깨끗이 청소하고 공사 후 잉여자재나 기타 폐기물은 적법한 절차를 거쳐 외부로 반출한다.

| 해 설 |

공사로 인한 주변 환경과 자연생태계의 훼손 및 오염을 최소화하도록 노력해야 하고, 공사용 가도, 진출입로, 임시 설치 등을 위한 부지는 주변녹지의 훼손이 최소화될 수 있는 지역을 선정하여 담당원의 승인을 받아야 하며, 보호동물, 보호식물 또는 보호식생군락과 희귀생물의 서식지 등이 발견되는 경우에는 담당원에게 보고하여 지시를 받아야 한다.

1.9 전문기술자

수급인은 건설산업기본법규 제40조 제1항의 규정에 따라 공사시행에 필요한 전문지식과 경험이 있는 조경기술자를 현장에 배치해야 한다.

20015 | 부지조성공사

1. 일반사항

1.1 제출물

수급인은 다음의 자료 등을 담당원에게 제출해야 하며, 특별히 명시하지 않은 경우의 제출 시기는 해당공사 착공 전으로 한다.

1.1.1 현황관련 자료

가. 흙의 반입 및 반출에 앞서 지정된 취토장 및 사토장의 지형자료를 제출한다.
나. 표토채집은 분포현황을 사전에 조사하고 별도의 채집 및 보관 계획서를 담당원에게 제출하여 승인 받는다.
다. 시공에 앞서 수급인은 공사지역의 지하매설물 및 지장물을 조사하고, 이의 조치계획을 작성하여 제출한다.
라. 공사의 지형변경으로 인한 토사붕괴 등의 위험을 점검하고 대책을 수립한 보고서를 제출한다.

1.1.2 시험 및 분석자료

가. 공사에 사용될 반입 토사는 현장 반입 전에 공인된 기관의 토질시험서를 제출한다.
나. 공사지역 원지반 토양상태의 사전조사 분석자료를 제출한다.

1.1.3 시공도

굴착 및 절성토, 원지반, 제안된 등고선 등이 표시된 세부시공도를 제출한다.

1.2 사전검사

수급인은 이 공사와 관련된 다음 사항의 확인 및 검사에 대한 담당원의 지시를 이행해야 한다.

1.3 운반, 저장 및 취급

수급인은 토석의 운반, 저장, 취급시 다음의 사항을 준수해야 한다.

가. 도로를 오염시키거나 먼지가 날리지 않도록 해야 한다.

나. 과적으로 인하여 운반시 적재함에서 떨어지지 않도록 해야 한다.

다. 비나 눈에 젖어 과다한 수분이 함유되지 않도록 조치해야 한다.

라. 오물이나 기타 재료가 혼입되지 않도록 해야 한다.

1.4 측 정

가. 수량산출은 다짐상태의 시공기준면을 기준으로 한다.

나. 연약지반 등 침하된 흙쌓기 양은 침하된 부분을 실제 수량으로 산정한다.

다. 굴취작업은 토사 채취 후 지정된 장소까지 운반하여 흙쌓기 또는 가적치 작업이 완료된 상태를 기준으로 한다.

라. 흙쌓기 작업은 운반된 토사를 지정된 높이, 두께 및 경사로 포설하고 다짐이 완료된 상태를 기준으로 한다.

마. 땅깎기 면 고르기는 흙깎기 표면이 그대로 남아있는 상태의 표면적으로 산정한다.

바. 잔토처리는 땅깎기 수량과 사용된 흙의 환산적용 수량과의 차이를 나타낸다.

1.5 시공허용차

가. 표토층을 제외한 흙쌓기, 깔기, 메우기 마무리면의 시공허용차는 ±50 ㎜ 이내로 한다.

나. 매 10 m마다 표고를 측정하며, 10 m 이내에 지형의 변화가 있을 때는 지형 변화점을 추가하여 측정한다.

| 해 설 |

토공이라 함은 조경공사, 건축공사, 토목공사 등 건설공사에 있어서 흙의 굴착, 싣기, 운반, 성토와 다짐에 관한 작업의 전부를 의미하는데, 일반적으로는 땅깎기와 흙쌓기로 대별된다. 공사의 마무리면을 시공기준면이라 하는데, 시공기준면보다 원지반이 낮을 때는 흙쌓기를 시행하고 높을 때는 땅깎기를 시행한다.

토공을 실시하는 구간은 지형조건과 토질의 상태가 일정치 않아 공정추진 및 공사비 등에 많은 제한을 받게 되므로 부지조성공사는 토질, 지형, 지질, 기후, 홍수위, 지하수위 등은 물론 공정, 공사비 등을 복합적으로 고려하여 적정한 공사방법을 선택한 후 시공하도록 노력해야 한다.

특히, 부지조성에 있어서 토목, 건축 등 시설물 공사는 철저한 다짐에 의한 누수와 붕괴를 방지하는 것이 목적이나, 조경공사는 이러한 목적 이외에도 식물성장에 적절한 토양입자의 물리적 조성과 다짐이 이루어져야 한다는 조건이 다르다. 따라서 조경공사의 토공은 식물성장에 좋은 조건을 유지하기 위해서 공사비와 공사기간 등의 조건을 고려하되 경량의 토공기계 투입이 필수적이다.

2. 자 재

2.1 반입토양

가. 반입토양은 계약도서에 지정된 장소에서 채취해야 하며, 계약도서에 채취장소가 명시되지 않아 수급인이 선정하는 경우에는 사전에 담당원의 승인을 받아야 한다.

나. 점토덩어리나 유해한 유기물, 쓰레기 등을 포함하지 않은 것이어야 한다.

다. 특별히 지정하지 않은 경우, 75 ㎛ 통과량 25 % 이하, 포함된 자갈의 최대치수 25 ㎜ 미만의 토양이어야 한다.

2.2 토질시험

토질시험은 계약도서에 지시되어 있는 경우가 아니면 담당원이 특별히 필요하다고 인정한 경우에만 실시한다.

2.3 표토

식물에 있어서 기반이 되는 표토는 토양학 분류에 의한 O층과 A층을 포함하는 표층토양으로 토양산도(pH) 5.6~7.4 범위이어야 한다.

3. 시 공

3.1 기존 식생보호

3.1.1 기본사항

가. 계약도서에 명시된 수목과 식생은 손상되지 않게 보호 조치해야 한다.

나. 기존 식생을 보호하는 곳에는 주위에 차량의 출입을 통제하고, 자재나 흙 등을 쌓아두

지 않아야 한다.

다. 보호되고 있는 식생은 공사기간 중 건강한 상태를 유지하도록 관리해야 한다.

3.1.2 기존 수목 주변의 흙쌓기

가. 수목의 뿌리가 기존의 위치 이상으로 묻히지 않도록 하고, 돋우는 흙은 배수가 양호한 사질양토를 사용해야 한다.

나. 부득이 기존 수목의 줄기가 묻힐 만큼 흙쌓기를 많이 해야 하는 경우에는 수관폭의 1/2~3/4을 여유공간으로 남겨두고 그 주위를 굵은 자갈 등으로 채워 공기, 수분, 양분 등의 공급이 원활하도록 조치해야 한다.

다. 수목 주위의 흙쌓기한 부분은 경사면 또는 석축 등을 설치하고, 필요한 배수시설을 해야 한다.

3.1.3 기존 수목 주변의 땅깎기

가. 뿌리의 손상을 최소화하기 위하여 수관폭 이내의 지반은 땅깎기하지 말아야 하며, 뿌리가 노출되어 건조하지 않도록 흙이나 물에 적신 거적 등으로 덮어 보양해 주어야 한다.

나. 땅깎기로 인한 지하수위 변화로 수목이 고사 혹은 쇠약해지지 않도록 땅깎기 높이는 1.5mm 이내를 원칙으로 한다.

3.1.4 보호수

보호수는 산림청 예규 자생식물 및 산림유전자원 보호림 관리요령에 따라 보호 및 관리해야 한다.

3.2 표토 모으기 및 보관

3.2.1 표토 모으기

가. 표토 모으기의 깊이는 200~600mm 범위로 하되 현장여건에 따라 담당원과 협의하여 조정할 수 있다.

나. 장해가 되는 수목이나 구조물 등을 미리 제거하고, 큰 돌이나 나무뿌리 등의 잔재물을 남김없이 치운 후에 표토 모으기를 시행해야 한다.

다. 중기작업 중 눌림에 의해 토질이 변질되지 않도록 채취, 운반, 적치 등의 적절한 작업 순서를 정해 시행해야 한다.

| 해 설 |

강우로 인하여 토질조건이 습윤상태인 경우 표토 모으기 및 채취작업을 피해야 하고, 먼지가 날 정도의 건조한 기상조건일 경우에는 담당원과 작업시행 여부에 대하여 협의해야 하며, 지하수위가 높은 평탄지에서는 가능한 한 채취를 피하여 시행해야 한다. 표토의 채취두께는 현장조건과 사용기계의 작업능력 및 안전 등을 고려해야 하며, 토사유출에 따른 재해 방재의 문제가 없는 구역이어야 한다.

3.2.2 보 관

가. 가적치의 두께는 1.5m를 기준으로 하며 최대 3m를 초과할 수 없다.
나. 표토의 토성변화, 비산, 유출 및 양분의 유실을 방지하기 위해 가적치 기간 중에는 식물 또는 비닐 등으로 피복하여 보관해야 한다.

3.3 가배수

가. 필요한 경우에는 충분한 배수능력을 갖춘 가배수시설을 설치한다.
나. 가배수처리는 주위의 상황과 기존 수로를 사전에 조사하고, 필요한 경우 관련 토지 및 시설 관리자의 허가를 받아 시행한다.
다. 시공 중에는 강우, 용수, 누수 등에 의한 체수현상이 발생하지 않도록 시공면을 상시 정리해야 한다.

3.4 흙쌓기

가. 가장 낮은 곳부터 각 층을 수평으로 다져가면서 소정의 높이까지 쌓아 올려 각 층마다 충분히 다지고 마무리해야 하며, 다짐의 정도가 필요할 때에는 시험에 의하여 정한다.
나. 흙쌓기 지반의 활동이 우려되는 경우 수급인은 지반을 안정시키기 위한 적절한 대책을 구상하여 담당원과 협의 및 시행한다.
다. 흙쌓기 작업 중 침하 등의 현상이 발생하였을 경우에는 신속히 담당원과 협의해야 한다.
라. 흙쌓기 면은 적정한 기울기를 유지하고 충분한 지지력을 가지도록 마무리해야 한다.

3.5 터파기

가. 구조물의 축조나 시설물의 설치에 지장이 없도록 소정의 깊이와 폭으로 굴착한 다음, 바닥을 고르고 담당원의 검사를 받아야 한다.

나. 빗물이나 고인 물, 솟아나는 물, 외부로부터의 유입수 등은 적절한 방법으로 물막이하여 배수처리 해야 한다.
다. 수도관, 가스관, 전기배관 등이 손상되지 않도록 주의하고, 출토물이 나올 경우에는 작업을 중단하고 담당원에게 보고하여 그 지시에 따른다.

3.6 되메우기

가. 양질의 토사를 사용하여 되메우기하고 충분히 다짐하되, 동결된 지반에 시공하거나 동결된 재료를 사용하여서는 안 된다.
나. 되메우기 및 다짐을 할 때 구조물에 손상이 가지 않도록 주의하고, 되메우기한 뒤에 침하가 예상되는 경우에는 더 쌓기를 한 후 다져야 한다.

3.7 잔토처리

가. 산재된 소규모 개별 시설물의 잔토는 조성되는 대지의 형상에 큰 영향을 미치지 않는 범위 안에서 현장 안에 소운반하여 고르게 깔고, 자갈류는 특별히 규정한 경우가 아니면 부지 안에 매립한다.
나. 현장 안에 깔고 고르기 곤란할 정도로 다량의 잔토가 발생한 경우에는 이를 총괄적으로 집계하여 성토재 등으로 유용하거나 장외로 반출해야 한다.

3.8 흙깎기

가. 흙깎기는 상부에서부터 시행하는 것을 원칙으로 한다.
나. 흙깎기 중 토질의 현저한 변화 또는 매설물을 발견한 경우에는 즉시 담당원에게 보고하고 지시를 받아야 한다.
다. 흙깎기 시공 중 붕괴나 사태 등이 발생하거나 발생할 우려가 있는 경우에는 신속히 담당원에게 보고 및 협의해야 한다.
라. 계획지반의 토질 등에서 소정의 지지력이나 균질성을 얻을 수 없다고 판단되는 경우에는 담당원과 협의해야 한다.

3.9 마운딩 조성

가. 마운딩 조성에 사용하는 토양은 식물생육에 지장이 없는 양토 또는 사질양토를 활용해야 한다.

나. 마운딩은 우수의 흐름이 정체되지 않고 배수계통으로 출수되도록 시공해야 한다.

| 해 설 |

마운딩 조성시에는 부등침하가 발생하지 않도록 시방서에서 정한 소정의 다짐을 실시해야 하고, 마운딩 형태는 시방서 또는 설계도면에 따라서 최대한 자연스러우면서도 완만한 구릉의 형태로 조성해야 한다. 한편, 공사시방서 또는 설계도면 등에 명시되지 않은 경우 마운딩의 경사기울기는 10~30°를 표준으로 평균경사 30% 이하로 하되, 최소 5° 이상을 유지하는 것을 원칙으로 한다.

3.10 고르기 및 다짐

가. 계획고에 맞도록 평평하게 고르고, 표면에 잡초뿌리나 자갈 등이 없도록 마무리해야 한다.

나. 계약도서에 지정된 다짐기계를 사용하여 식물생육에 적합한 다짐밀도가 얻어질 때까지 다져야 한다.

| 해 설 |

식재기반의 경우 크기가 직경 25mm 이상의 돌, 나무토막, 쓰레기, 기타 불필요한 이물질은 반드시 제거해야 하며, 불가피하게 대형장비를 사용하여 식재지 기반이 필요 이상으로 다져진 경우에는 수급인의 부담으로 식재공사 전에 0.6~0.9m 깊이로 경운하여 토양의 물리성을 회복시켜야 한다.

20020 | 배수공사

1. 일반사항

1.1 제출물

수급인은 다음의 자료 등을 담당원에게 제출해야 하며, 특별히 명시하지 않은 경우의 제출 시기는 해당공사 착공 전으로 한다.

1.1.1 현황관련 자료

공사시행 전에 현장여건을 점검하고 관로매설 방향의 측량자료를 제출한다.

1.1.2 인 · 허가 자료

배수관 배관과 관련하여 도로굴착이 필요한 경우, 굴착허가 서류를 제출한다.

1.1.3 제품관련 자료

가. 공사에 사용될 자재에 대한 제품자료 및 제작자의 설치지침서
나. 프리캐스트 콘크리트 제품 또는 기성품인 경우 각각 1경간씩의 제품 견본

1.1.4 시험 및 분석자료

지하배수를 하는 곳에서는 토양의 투수계수를 측정하여 성과표를 제출한다.

1.1.5 시공도

배수시설물의 연결부위에 대한 시공상세도

| 해 설 |

배수공사는 물의 흐름을 통제 또는 저장하거나 원활하게 흐르도록 유도하는 각종 배수시설물 설치공사로서 일반적으로 표면배수와 지하배수로 구분된다.

1.2 사전검사

수급인은 이 공사와 관련된 다음 사항의 확인 및 검사에 대한 담당원의 지시를 이행해야 한다.

1.3 운반, 저장 및 취급

수급인은 공사용 기자재의 운반, 저장, 취급시 다음의 사항을 준수해야 한다.

가. 모든 자재는 운반도중 충격에 의한 파손이 일어나지 않도록 유의해야 한다.

나. 각종 배관용 자재는 빗물에 젖거나 오물에 의해 더렵혀지지 않도록 조치해야 한다.

다. 플라스틱용 접착제는 제조업자의 저장요건에 맞추어 서늘한 곳에 저장한다.

1.4 측 정

가. 관매설공사는 되메우기와 공사의 뒷정리가 끝난 상태에서 접합부위의 누수 여부를 확인하고, 담당원의 승인을 받았을 때를 기준으로 한다.

나. 측구는 인접시설과의 접합과 배수기능에 이상이 없음을 담당원이 승인하였을 때를 기준으로 한다.

다. 물받이공사는 연결되는 관과의 접합과 배수기능에 이상이 없으며, 물받이 뚜껑의 높이가 적당하다고 담당원에 의해 인정된 때를 기준으로 한다.

1.5 시공허용차

가. 관의 경사는 3m당 ±3mm 이내의 시공허용차 범위를 기준으로 한다.

나. 포장면과 접속되는 배수구조물의 포장면과의 단차는 ±3mm 이내의 기준으로 한다.

2. 자 재

2.1 콘크리트 제품

U형 측구, L형 측구, 맨홀, 측구덮개 등의 콘크리트 제품은 현장치기 또는 한국산업규격에 부합하는 프리캐스트 콘크리트 제품으로 설계도서에 명시된 규격이어야 한다.

2.2 측구 및 물받이 덮개용 스틸 그레이팅

용융아연도금 처리된 제품 또는 주물제품으로서 한국산업규격에 적합해야 한다.

2.3 플라스틱 제품

기성 제품으로 한국산업규격에 적합하고 설계도서에 명시된 규격이어야 한다.

2.4 유공관

가. 보통 PVC관이나 PE관, HDPE관 등 한국산업규격품이어야 한다.

나. 기타 유공관은 투수구멍의 연면적이 표면 연면적의 20 % 이상이어야 하며, 토사 유입을 방지하기 위해 투수구멍의 일부를 막은 제품을 사용할 때는 막힌 부분이 위로 향하도록 해야 한다.

2.5 콘크리트관

한국산업규격에 적합한 배수관을 사용해야 한다.

2.6 배수용 골재

배수용 골재는 최대치수 50mm 이하의 자갈 또는 쇄석으로 하며, 5mm체 통과분이 5 % 이하이어야 한다.

2.7 배수판

인공지반용 배수판은 담당원의 승인을 받아 사용해야 한다.

3. 시 공

3.1 표면배수

3.1.1 표면배수공사

가. 설계도서에 명시된 기울기에 따라야 하며, 집수정의 상단이나 측구의 집수지점은 주변의 포장이나 구조물과 자연스러운 기울기로 연결되어야 한다.
나. 식재지역 및 구조물 쪽으로 역경사가 되어서는 안 되며, 식재지역에 타 지역의 유수가 유입되지 않도록 처리해야 한다.

3.1.2 측구공사

가. 측구는 설계도서에 명시된 대로 설치해야 하며, 부득이한 경우는 담당원과 협의하여 지시에 따른다.
나. 측구의 바닥면은 일정한 기울기로 표면이 평활하게 시공해야 한다.
다. 측구는 하류쪽 혹은 낮은 곳에서부터 설치 · 시공하며, 연결부위에서 단차가 발생하지 않고 누수되지 않도록 시공해야 한다.
라. 연약지반이 나타난 경우에는 시공 전에 담당원과 시공방법에 대하여 협의해야 한다.
마. 측구 뚜껑은 측구 본체 및 노면과 단차가 생기지 않도록 평탄하게 설치 · 시공해야 한다.

3.1.3 관 매설공사

가. 관은 설계도서에 명시된 대로 설치 · 시공해야 하며, 부득이한 경우는 담당원과 협의하여 지시에 따른다.
나. 따로 명시되지 않은 경우, 관의 매설을 위한 터파기는 바닥면을 관의 바깥직경보다 300mm 이상 넓게 파고, 수직 터파기로 해야 한다.
다. 소켓이 붙어 있는 관은 소켓이 상류 쪽을 향하도록 설치해야 한다.
라. 관의 바닥면은 일정한 기울기를 유지하고 기초와 밀착시켜 직선으로 설치 · 시공해야 한다.
마. 관의 연결부위는 단차가 발생하지 않아야 하며, 누수되지 않도록 시공한다.

바. 관의 일부를 절단해야 할 경우에는 사용부분이 손상되지 않도록 주의하고, 사용부분이 손상된 경우에는 수급인의 책임과 비용부담으로 교체해야 한다.
사. 연약지반이 나타난 경우에는 시공 전에 담당원과 시공방법에 대하여 협의한다.
아. 되메우기는 다짐 최적함수비에 가까운 토양수분상태에서 시행하고, 시공 후 침하가 발생하지 않도록 다져야 하며, 더돋우기는 담당원의 지시에 따른다.

3.1.4 물받이공사

가. 설치는 설계도서를 따르며, 부득이한 경우는 담당원과 협의하여 지시에 따른다.
나. 기초에 하중이 골고루 분산되고 밀착되도록 시공해야 한다.
다. 배수관과의 접합부위에서 누수하지 않도록 시공해야 한다.
라. 뚜껑이 집수구 본체 및 노면과 단차가 발생하지 않도록 시공해야 한다.
마. 집수구와 노면 사이의 높이를 조정할 필요가 있을 때에는 담당원과 협의한다.

3.2 지하배수

3.2.1 터파기 및 기초공사

가. 따로 명시되지 않은 경우의 터파기는 바닥면의 폭을 관의 바깥직경보다 300mm 이상 넓게 파고, 측면의 경사는 0.3 : 1보다 완만해야 한다.
나. 터파기한 바닥면이 사질토 계통의 양호한 지반일 경우에는 그 위에 유공관을 직접 설치한다.
다. 터파기한 바닥면이 딱딱한 암반층일 때에는 관 바닥보다 100mm 이상 깊이 파서, 바닥에 자갈이나 쇄석을 깔고 균일하게 다진 후 관을 설치해야 한다.
라. 터파기한 바닥면이 연약지반일 경우에는 바닥에 자갈이나 쇄석을 150mm 이상 깔고 요철이 생기지 않도록 모래를 균일하게 덮어 다진 후, 다져진 모래층 위에 불투수성 시트를 깔고 그 위에 관을 설치한다.
마. 불투수성 시트의 연결부위는 200mm 이상 겹치게 하며 접착제와 테이프 등으로 밀착시켜야 한다.

3.2.2 관의 설치

가. 관 외주부의 1/2~1/3에만 구멍이 뚫려 있는 유공관은 되메우기용 토사의 투수계수가 10-2mm/sec 이하일 때에는 구멍이 위로 향하도록, 투수계수가 10-2mm/sec 이상일 때에는 구멍이 아래로 향하도록 설치해야 한다.

나. 소켓이 붙어 있는 유공관은 소켓이 상류 쪽을 향하도록 설치해야 한다.
다. 유공관은 연결되는 개소가 최소가 되도록 하고 연결 부위에서 누수되지 않도록 시공해야 한다.
라. 유공관은 일정한 기울기를 유지하고 직선으로 설치되어야 한다. 관을 구부려 설치할 때에는 담당원의 승인을 얻어야 한다.
마. 유공관의 내부 바닥면은 평활하게 연결되어야 한다.

3.2.3 골재 채우기

가. 배수층의 채움재는 유공관 구멍 직경의 2배 이상의 크기를 가지는 것이어야 한다.
나. 따로 명시되지 않은 경우, 유공관 채움재의 깊이는 100mm로 한다.
다. 채움재는 유공관의 측면 아래쪽에서부터 소정의 높이까지 유공관이 파손되지 않도록 잘 다지면서 넣어야 한다.
라. 채움재 위에 부직포를 설치할 경우에는 부직포의 연결부위가 200mm 이상 겹치도록 해야 한다.

3.2.4 골재 배수층 설치

가. 골재 배수층이 시공될 바닥면은 고인물이나 이물질이 없는 상태에서 침하가 일어나지 않도록 잘 다지고 설계도서의 높이로 마감해야 하며, 따로 명시되지 않은 경우의 종단 기울기는 1% 이상으로 한다.
나. 부직포를 설치할 경우에는 부직포의 연결부위가 200mm 이상 겹치도록 해야 한다.
다. 골재 배수층은 적합한 다짐장비로 다짐도가 75% 이상 되게 다져야 한다.

20025 | 조경구조물공사

1. 일반사항

1.1 제출물

수급인은 다음의 자료 등을 담당원에게 제출해야 하며, 특별히 명시하지 않은 경우의 제출 시기는 해당 공사 착공 전으로 한다.

1.1.1 제품관련 자료

자재의 견본품 또는 생산지, 규격, 특성 등의 제품자료와 제작자의 설치지침서

1.1.2 시험 및 분석자료

가. 구조물 관련 시험, 검사, 확인보고서
나. 매 1 ㎥마다 관리시험자료를 제출

1.1.3 시공도

가. 담당원의 지시에 따라 거푸집의 제작 및 철근가공의 시공도
나. 평면 및 높이에 따른 시공이음의 위치도와 시공상세도

| 해 설 |

조경구조물공사는 조경공간에 일반적으로 설치되는 옥외시설물을 제외한 구조체 시설설치공사로서 경관적 측면은 물론 기초지반의 안정성이 동시에 확보되어야 하는 석축, 장식벽, 담장, 문주, 계단 및 경사로, 보도교, 퍼걸러, 쉘터와 정자, 야외스탠드, 전망대, 소옹벽, 식생옹벽 등의 제반 경관구조물공사를 포함한다.

1.2 사전검사

수급인은 이 공사와 관련된 다음 사항의 확인 · 검사에 대한 담당원의 지시를 이행해야 한다.

1.3 운반, 저장 및 취급

시멘트, 거푸집, 철근, 레디믹스트 콘크리트 등의 운반, 저장, 취급은 이 시방서 콘크리트 공사의 해당 기준에 따른다.

1.4 측 정

가. 기초공사는 독립된 구간의 거푸집 제거와 콘크리트 양생 및 되메우기가 끝나고 기초 위에 구조물의 설치가 가능하다고 담당원의 승인을 받았을 때를 기준으로 한다.
나. 콘크리트 공사는 독립된 구간의 거푸집 제거와 콘크리트 양생이 끝나고 후속공사에 지장이 없다고 담당원의 승인을 받았을 때를 기준으로 한다.

1.5 시공허용차

가. 거푸집 표면에 대한 오차 : 길이 3m당 6mm 이내
나. 콘크리트의 부재 두께 오차 : −6mm, +13mm
다. 기초
   1) 평면치수의 변동 : −13mm, +50mm
   2) 위치오차 : 잘못 놓인 방향의 기초폭의 2% 이하 또는 50mm 이하
   3) 두께 : 명시된 두께의 ±5% 이내
   4) 압축강도 : 설계강도의 −3% 이내

2. 자 재

2.1 철근 및 콘크리트

2.1.1 철 근

가. 철근은 KS D 3504에 적합한 철근 콘크리트용 이형봉강으로 한다.
나. 결속선은 직경 0.9mm 이상 되는 연철을 사용한다.

다. 철근을 조립하기 전에 녹이나 먼지, 기름, 기타 콘크리트의 부착력을 감소시킬 위험이 있는 것을 제거해야 한다.

2.1.2 콘크리트 재료

가. 시멘트는 KS L 5201(포틀랜드 시멘트)에 의한 한국산업규격품으로서, 동일 구조물에 사용되는 시멘트는 단 하나의 상표만을 사용해야 하며, 조금이라도 굳어진 시멘트는 사용하여서는 안 된다.

나. 골재는 KS F 2526(콘크리트용 골재)의 규정에 적합한 콘크리트용 잔골재 및 굵은골재 또는 KS F 2527(콘크리트용 부순골재)의 규정에 적합한 콘크리트용 부순골재로 한다.

다. 물은 깨끗하고 콘크리트 품질에 영향을 주는 기름, 산, 염류, 유기물 등의 물질을 함유해서는 안 된다.

2.1.3 콘크리트 혼합물

인력비빔 콘크리트의 종별 설계기준 28일 강도, 굵은골재 최대치수 및 표준중량 배합은 표 20025.1을 기준으로 한다.

표 20025.1 인력비빔 콘크리트의 설계, 골재치수, 배합기준

콘크리트의 종별	설계기준 28일 강도	굵은골재 최대치수	표준중량배합(kg)		
			시멘트	모래	자갈 또는 부순돌
B_1	18 N/㎟	25mm	346	828	1,011
B_2	18 N/㎟	40mm	323	775	1,101
C	16 N/㎟	40mm	312	748	1,195

2.1.4 레디믹스트 콘크리트

레디믹스트 콘크리트는 원칙적으로 한국산업규격 지정공장에서 제조한 것을 사용하되, KS F 4009(레디믹스트 콘크리트)의 규격에 합격한 것으로 콘크리트에 포함된 염소이온농도가 출하시점에서 0.3 kg/m³ 이하이어야 한다.

2.2 거푸집

가. 합판 거푸집은 KS F 3110(콘크리트 거푸집용 합판)의 규정에 적합한 콘크리트 거푸집

용 합판으로 제작되어야 하며, 거푸집을 재사용할 때에는 깨끗이 청소한 뒤 콘크리트와 접하는 면에 광유 등 박리제를 균일하게 발라 사용한다.

나. 강재 거푸집은 설치업자의 지침에 따른다.

다. 거푸집 박리제는 모든 형태의 거푸집에 사용할 수 있는 것으로, 콘크리트의 표면에 얼룩을 만들거나 나쁜 영향을 주어서는 안 되며, 콘크리트 표면의 접합과 부착을 방해하거나 양생시 수분의 흡수를 방해하지 않는 것이어야 한다.

2.3 미장 및 방수재료

2.3.1 시멘트 모르타르

가. 시멘트 모르타르의 재료는 콘크리트 재료기준에 따른다.

나. 모르타르에 사용하는 모래는 깨끗하고 강한 것으로 체로 쳐서 사용해야 한다.

다. 특별히 명시하지 않은 경우 바탕 모르타르와 붙임 모르타르의 용적 배합비는 시멘트와 모래의 비를 각각 1 : 3과 1 : 2로 한다.

2.3.2 방수재료

방수제는 설계도서에 명시된 방수처리방법에 적합한 자재로 한다.

2.4 강 재

설계도서 또는 공사시방서에 제시된 형상, 규격, 품질을 갖고 있는 것으로 유해한 산, 녹에 의한 변질이 없는 것을 사용해야 한다.

2.5 벽 돌

가. 벽돌은 KS F 4004(콘크리트 벽돌)의 규정에 적합한 콘크리트 벽돌 C종 2급으로, 겉모양이 균일하고 비틀림이나 해로운 결열 또는 흠이 없어야 한다.

나. 토벽돌은 KS L 4201(점토 벽돌)의 규정에 적합한 미장벽돌 3종으로, 쌓기에 지장을 주거나 강도의 저하 및 내구성을 해치는 균열이나 결함이 없어야 한다.

2.6 석 재

2.6.1 구조용 석재

가. 석재는 KS F 2530(석재)에 적합한 품질을 갖는 것으로 균열, 마모 및 흠집 등의 결함이 없고 가공마무리한 치수가 부족함이 없어야 한다.

나. 석재의 규격, 색상 등은 설계도서에 따르되, 색깔, 무늿결, 가공모양, 마무리 정도 및 물리적 성질이 서로 다른 것을 사용하여서는 안 된다.

2.6.2 인조석

인조석은 회색 또는 백색 시멘트에 경량골재를 혼합하여 고온으로 성형 소성한 것으로 그 모양이나 크기, 색상은 설계도서에 따른다.

가. 시멘트는 KS L 5201(포틀랜드 시멘트)의 규정에 적합한 포틀랜드 시멘트 또는 KS L 5204(백색 포틀랜드 시멘트)의 규정에 적합한 백색 포틀랜드 시멘트를 사용한다.

나. 경량골재는 KS F 2534(구조용 경량 골재)의 규정에 적합한 천연골재를 가공한 구조용 경량골재를 사용한다.

다. 안료는 사용품질에 지장이 없고 시공 중에 강도저하가 생기지 않으며, 물성적으로나 환경적으로 문제되지 않는 것이어야 한다.

2.6.3 석재 연결철물

연결철물, 촉, 꺾쇠 등은 부식되지 않거나 부식방지 코팅처리된 것이어야 한다.

2.7 타 일

2.7.1 도자기질 타일

가. 타일은 KS L 1001(도자기질 타일)의 규정에 적합한 것으로, 형상이 정확하고 색조 및 경도가 일정하며 흠이 없어야 한다. 색조, 색깔 등은 설계도서에 따른다.

나. 외장용 타일은 자기질 또는 석기질로 하되, 충분한 뒷굽이 있는 것을 사용하고, 뒷면은 유약이 묻지 않은 거친 것이어야 한다.

2.7.2 모르타르

가. 고름용 모르타르의 배합은 1 : 3(용적비), 붙임용 모르타르의 배합은 1 : 2(용적비)로 하

고 내장용에는 지정방수제를 혼입한다.

나. 줄눈용 모르타르의 배합은 1 : 1(용적비)로 하고 줄눈 폭 3mm 이하의 경우에는 시멘트를 사용한다. 단, 백색시멘트, 색사, 안료, 혼화제의 사용은 담당원의 지시에 따른다.

2.7.3 접착제

KS L 1593의 규정에 적합한 도자기질 타일용 접착제를 사용한다.

2.8 인조암

인조암은 열에 강하고 장시간 자외선에 노출되더라도 변색되지 않는 제품으로 하되, 사용재료의 재질 및 두께는 설계도서에 따른다.

3. 시 공

3.1 기초공사

조경구조물공사는 지반다짐이 충분히 이루어진 견고한 지반에서 행해져야 하며, 지반이 연약하여 부등침하가 예상되는 경우에는 말뚝기초나 콘크리트기초로 보강해야 한다.

3.1.1 터파기

가. 터파기는 설계도서에 명기된 경계와 높이로 하며, 터파기한 바닥은 수평을 유지하고 단단해야 한다.

나. 터파기의 경계는 거푸집 설치, 벽면 방수 등에 적합한 작업공간을 주도록 정해져야 한다.

다. 터파기시 흙이 무너질 우려가 있을 때에는 담당원의 지시에 따라 적절한 비탈을 유지시키거나 흙막이처리를 한다.

라. 파낸 재료는 터파기의 경계로부터 1m 이상의 거리를 두고 쌓아 두어야 하며, 터파기한 자리는 밖에서 빗물이 흘러 들어가지 않도록 조치해야 한다.

3.1.2 되메우기

가. 되메우기 재료는 담당원의 승인을 받아 사용해야 한다.

나. 200mm를 넘지 않는 층으로 되메우기 해야 하며, 각 층은 다음 층을 치기 전에 최대

건조밀도의 90 % 이상으로 다져야 한다.

다. 방수처리된 구조물 주위에 되메우기 할 때에는 방수막에 손상이 가지 않도록 필요한 조치를 취해야 한다.

라. 명시된 표고로 전면을 마무리해야 한다.

3.1.3 잡석다짐

가. 기초잡석은 다져진 지반 위에 포설하되, 흙과 뒤섞이지 않도록 해야 한다.

나. 잡석다짐은 다짐기계를 이용하여 고르게 다져 공극이 최대한 채워지도록 한다.

다. 잡석의 틈새는 틈막이 자갈과 모래를 채워서 다진다.

3.1.4 버림 콘크리트

가. 따로 명시되지 않은 경우의 버림 콘크리트의 두께는 60mm로 하고 폭은 잡석다짐의 폭과 동일하게 한다.

나. 따로 명시되지 않은 경우의 버림 콘크리트의 용적배합비는 시멘트 : 모래 : 자갈=1 : 3 : 6으로 하거나 설계기준강도 16 N/mm^2 이상으로 한다.

3.1.5 기초 콘크리트

가. 기초 콘크리트는 수평으로 설치되어야 한다.

나. 수평면에 대하여 30° 이상의 각도를 가지는 콘크리트에는 거푸집을 설치하고 되메우기를 하기 전에 거푸집을 제거해야 한다.

다. 버림 콘크리트를 치지 않는 기초 콘크리트 아래에는 0.3mm 이상의 폴리에틸렌 필름 깔기를 한다.

라. 설계도서에 명시되지 않은 경우, 기초 콘크리트의 용적배합비는 시멘트 : 모래 : 자갈= 1 : 3 : 6 혹은 설계기준강도 18 N/mm^2 이상으로 한다.

3.1.6 앵커볼트의 설치

가. 2개 이상 설치되는 앵커볼트는 용접 등으로 앵커볼트 상호간을 고정시킨 후 콘크리트 안에 매설해야 한다.

나. 앵커볼트와 설치될 시설물과의 조합을 확인한 후, 앵커볼트 상호간을 고정시킨다.

다. 앵커볼트 중 콘크리트 바깥으로 나오는 부분은 콘크리트 안에 매설하기 전에 녹막이 페인트를 칠한다.

라. 앵커볼트는 설치될 시설물의 베이스 플레이트에 대하여 직각으로 매설되어야 한다.

3.2 콘크리트 공사

3.2.1 콘크리트 치기

가. 콘크리트를 치기 전 24시간 이내에 콘크리트 반입 및 치기일정을 담당원에게 통지해야 한다.
나. 콘크리트의 소운반과 치는 동안에 재료의 분리와 손실이 일어나지 않도록 해야 한다.
다. 치기가 시작되면 부재가 완성될 때까지 연속작업으로 치기를 해야 하며, 부분적으로 굳어진 콘크리트를 사용해서는 안 된다.
라. 시멘트와 골재가 물과 혼합된 후 60분 이내에 콘크리트 부리기를 시작하고, 90분 이내에 콘크리트 치기를 완료해야 한다.
마. 펌핑으로 콘크리트를 치고자 할 때에는 담당원의 승인을 얻어야 한다.
바. 펌핑 호스의 단부에서 나오는 콘크리트는 1.5 m 이내의 자유낙하고를 갖게 해야 한다.

3.2.2 콘크리트 다지기

가. 콘크리트는 치기 중에 충분히 다져야 한다.
나. 거푸집의 진동은 담당원의 승인이 있을 경우에만 해야 한다.
다. 진동기는 콘크리트를 친 전 면적에서 일정한 간격으로 수직하게 찔러 넣었다가 뽑아내어야 하며, 찔러 넣기의 간격은 찔러 넣기 영향권이 겹칠 수 있어야 한다.
라. 진동기가 거푸집에 닿지 않게 하면서 거푸집 표면에 가깝게 찔러 넣는다.

3.2.3 시공이음

가. 따로 명시되지 않은 경우, 벽과 슬래브에 있는 시공이음과 벽과 기초 사이에 있는 시공이음에 깊이 40mm 이상의 키 홈을 두어야 한다.
나. 시공이음매는 주 철근에 직각이 되도록 두고, 철근은 시공이음을 가로질러 연속되어야 한다.
다. 콘크리트의 치기, 다지기, 양생 중에 이음매의 위치를 단단하게 유지할 수 있도록 이음매의 거푸집을 잘 지지해야 한다.
라. 시공이음에서는 콘크리트의 표면을 깨끗하게 청소하고, 다음 층의 콘크리트를 치기 전에 레이턴스를 제거해야 한다.
마. 수축에 대한 시간적 여유를 주기 위해서는 12시간 내에는 시공이음과 연결되는 쪽에

콘크리트를 쳐서는 안 된다.

바. 지수판은 설계도서에 명시된 시공이음에 두어야 하며, 계약도서에 명시되지 않은 시공이음은 담당원의 사전승인을 받아야 한다.

3.2.4 양생 및 보호

가. 콘크리트의 양생기간은 콘크리트가 쳐진 시각부터 10일 이상이어야 하며, 이 기간 동안 콘크리트의 표면은 습윤상태로 유지해야 한다.

나. 거푸집은 해체될 때까지 젖고 서늘하게 유지되어야 한다.

다. 금방 친 콘크리트는 건조한 바람, 비를 맞거나 손상 받지 않도록 보호해야 하며, 더러워지지 않도록 한다.

라. 콘크리트는 양생기간 중 무거운 하중, 충격, 진동 등을 받지 않도록 해야 한다.

마. 거푸집을 해체한 후에도 양생기간 동안은 콘크리트의 표면이 습윤한 상태를 유지하도록 해야 한다.

3.3 거푸집 공사

가. 거푸집은 콘크리트 부재의 위치, 형상 및 치수를 확보하고 구조물의 품질을 확보할 수 있는 콘크리트가 되도록 시공해야 한다.

나. 거푸집은 용이하고 안전하게 설치, 철거가 가능해야 하며 연결부위의 접합이 좋고, 모르타르가 새지 않는 구조이어야 한다.

다. 거푸집의 구석에는 모따기재를 붙이고, 거푸집의 내면에는 박리제를 도포해야 한다.

라. 거푸집을 재사용할 때에는 콘크리트와 접하는 면을 청소하여 사용한다. 이 때, 거푸집의 면이 손상되지 않도록 해야 한다.

마. 동바리, 거푸집의 조립, 존치기간은 이 시방서 20050에 따른다.

3.4 철근공사

3.4.1 철근 가공

가. 철근은 설계도서에 명시된 형상과 치수에 맞게 가공하며 재질에 손상이 가지 않도록 한다.

나. 철근 말단부의 갈고리는 구부림각 180°, 구부림각 90°, 구부림각 135°를 사용하고, 갈고리의 구부림 반직경은 철근직경의 2.5배 이상으로 한다.

1) 구부림각 180°의 갈고리는 철근의 말단부를 반원형으로 180° 구부리고 반원형의 끝

에서부터 철근의 말단까지는 철근직경의 4배 이상으로 최소한 60mm 이상의 직선부가 되도록 가공한다.

2) 구부림각 90°의 갈고리는 철근의 말단부를 90° 구부리고 철근 말단까지의 직선부가 철근 직경의 12배 이상이 되도록 가공한다.

3) 구부림각 135°의 갈고리는 철근의 말단부를 135° 구부리고 철근 말단까지의 직선부가 철근 직경의 6배 이상으로 최소 60mm 이상이 되도록 가공한다.

다. 철근의 구부림 가공은 상온에서 실시한다.

3.4.2 철근 조립

가. 철근을 설계도서대로 올바르게 배치하고 콘크리트를 칠 때 움직이지 않도록 견고하게 묶는다.

나. 철근과 철근이 교차하는 곳은 직경 0.9mm 이상의 결속선으로 결속한다.

다. 철근의 피복두께를 확보하기 위하여 간격재를 배치해야 하고, 거푸집에 접하는 간격재의 재질은 콘크리트제 또는 모르타르제를 사용해야 하며, 다른 간격재를 사용할 때에는 담당원의 승낙을 얻어야 한다.

라. 철근의 조립이 완료되었을 때에는 담당원에게 검사를 받아야 한다.

마. 철근 조립 후 많은 시간이 경과하였을 경우에는 콘크리트를 치기 전에 재차 배근상태를 검사하고 청소해야 한다.

3.4.3 철근이음

가. 이음위치는 인장응력을 크게 받는 곳을 피하고 동일 위치에 이음자리가 집중되지 않도록 해야 한다.

나. 이음길이는 철근직경의 20배 이상으로 하고 직경 20mm 이상의 결속선으로 여러 개소 결속한다.

다. 이음위치는 철근의 이음길이에 철근직경의 25배를 더한 길이 이상 인접한 철근의 이음과 서로 어긋나게 배치한다.

3.4.4 철근의 피복두께

가. 철근의 피복두께란 콘크리트 표면으로부터 철근까지의 최단거리이며, 설계도서상의 콘크리트 표면으로부터 철근의 중심까지의 거리와는 다르다.

나. 따로 명시되지 않은 경우의 철근의 피복두께는 표 20025.2의 기준을 따른다.

표 20025.2 철근의 피복두께 기준 (단위 : mm)

시 공 구 분		슬래브, 벽	보	기둥	기초
지상에 노출된 경우	모르타르 바르기 등의 마감을 하는 경우	30	30	30	—
	모르타르 바르기 등의 마감을 하지 않는 경우	30	30	35	—
직접 흙에 접하는 경우	모르타르 바르기 등의 마감을 하는 경우	30	35	40	—
	모르타르 바르기 등의 마감을 하지 않는 경우	35	40	45	60

3.5 쌓기 및 붙이기

3.5.1 블록쌓기

가. 작업을 시작하기 전에 기초 등의 상단을 청소하고 파손을 점검한 후에 줄눈 접착면 및 콘크리트면에 적당히 물축임을 한다.

나. 모르타르는 사전에 가반죽하여 놓고 사용에 알맞게 가수하여 반죽하고 가수한 후 될 수 있는 대로 빨리 사용하되 응결을 시작한 것은 사용하지 말아야 한다.

다. 세로기준틀은 먼저 좌우의 모서리를 정확하게 쌓고, 이것을 기준으로 수평실을 치고 수평수직에 한 단씩 블록의 살 두께가 큰 편을 위로하여 쌓아간다.

라. 쌓기 모르타르는 접합면 전체에 발라 줄눈을 일정하게 맞추어 바르게 대어 쌓고, 1일의 쌓기 높이는 1.6 m 이하를 기준으로 한다.

마. 줄눈 모르타르의 경화에 앞서 줄눈누르기와 줄눈파기를 한다. 치장줄눈의 경우에는 흙손을 사용하여 빈틈이 발생하지 않도록 줄눈누르기를 하여 마무리한다.

3.5.2 벽돌쌓기

가. 줄눈 모르타르(1 : 2)는 접합면의 전체에 고루 배분되도록 하고 줄눈폭은 특별히 정하지 않은 경우에는 10mm로 한다.

나. 벽돌에 부착된 불순물은 제거하고 사전에 물축이기를 한다.

다. 착수 전에 벽돌 나누기를 하고 세로줄눈은 특별히 정한 바가 없는 한 통줄눈이 되지 않도록 쌓기 한다.

라. 1일 쌓기 높이는 1.2m 이하로 하고 이어쌓기를 위하여 계단형으로 남겨 놓도록 한다.

3.5.3 돌쌓기

가. 메쌓기의 접촉부는 5~10mm로 해야 하며, 해머 등으로 접촉부위를 다듬어 접합시키

고, 접촉부 뒤틈 사이에는 조약돌을 괸 다음 그 사이와 뒷면에 채움용 돌을 충분히 채워야 한다.

나. 찰쌓기의 뒤채움은 콘크리트를 사용하고, 줄눈에 모르타르를 사용한다. 접촉부위의 두께는 견칫돌의 경우 10~13mm를 표준으로 하고 막깬돌쌓기에서는 25mm 이하를 표준으로 한다.

다. 찰쌓기의 1일 쌓기 높이는 1.2m를 표준으로, 최대 1.5 m 이내로 한다. 또 1일에 전부 쌓기가 끝나지 않았을 때는 남는 부분은 계단형으로 남겨 놓는다.

라. 찰쌓기의 신축줄눈은 설계도서에 따르고 특별히 정한 바가 없는 경우는 20~30m에 1개소를 표준으로 하여 담당원의 승인을 얻어 설치하도록 한다.

마. 배수관의 위치 및 구조는 설계도서에 따르고, 특히 정한 바가 없는 경우에는 내경 50mm 정도의 경질염화비닐관(P.V.C관)을 사용하여 1.5~2㎡에 1개소의 비율로 설치하고 그 근원부가 막히지 않도록 해야 한다.

바. 찰쌓기는 시공 후 즉시 양생거적 등으로 덮고 적당히 물을 뿌려 습윤을 유지해야 한다.

사. 골쌓기에서 머릿돌은 5각의 형상을 이루도록 하고 큰돌을 아래층에 쌓아 안정도를 높여야 한다.

아. 호박돌 및 잡석쌓기는 줄쌓기를 원칙으로 하고, 튀어나오거나 들어가지 않도록 면을 맞추고 양옆의 돌과도 이가 맞아야 한다.

3.5.4 돌붙임

가. 돌붙임에 사용하는 뒤채움 모르타르, 줄눈 모르타르는 빈틈이 없도록 유의하여 채운다.

나. 산석 치장쌓기는 설계도서에서 정하는 균일한 크기의 돌을 사용하여 이를 잘 맞추어 쌓아야 하며, 접촉부위의 간격은 10~25mm를 표준으로 한다.

다. 이가 맞지 않을 경우에는 망치 등을 사용하여 접촉부를 다듬어 맞추되, 깨진 면이 표면에 노출되지 않아야 한다.

라. 가공석을 사용하여 성쌓기를 할 경우에는 찰쌓기라 하더라도 메쌓기의 효과를 내기 위하여 돌을 사각형으로 다듬어 맞댄 면의 간격이 최소화되도록 이를 맞추어 쌓는다.

마. 성쌓기의 뒤채움은 모르타르를 빈틈이 없도록 채우되 줄눈부위의 모르타르는 철선 등을 이용하여 긁어내어 표면에 노출되지 않도록 해야 한다.

바. 장대석 등 균일한 가공석을 사용할 경우에는 수평줄눈을 맞추어 일정 높이마다 되물림 쌓기를 한다.

사. 판석붙임은 설계도서에 기준하여 돌나누기, 설치공작도를 작성 제출하여 담당원의 승인을 얻은 후 가공 · 설치 · 시공한다.

3.5.5 타일붙이기

가. 설계도서 및 담당원의 지시에 따라 줄눈나누기를 하고 필요에 따라 타일을 조정할 수 있다. 줄눈나누기는 기준 양에 따라 정확히 행해야 한다.
나. 붙이기 바탕은 평탄하게 보정한 후 청소를 하고 물축이기를 한다.
다. 줄눈나누기는 수준기를 사용하여 종횡이 잘 맞도록 붙인다.
라. 치장줄눈 메우기에 앞서 줄눈부분을 청소하고, 줄눈메우기는 모르타르의 경과 정도를 보아 가능한 빠른 시기에 행해야 하며, 줄눈부의 건조상태에 따라 물축임을 행한다.
마. 치장줄눈은 모르타르가 경화한 정도를 보아 줄눈흙손을 사용하여 소정의 형상으로 마감해야 한다.
바. 외부시공의 경우 일광의 직사 또는 바람과 물에 의해 훼손이 되지 않도록 가리개 등 보호조치를 해야 한다.

3.6 경관구조물공사

3.6.1 석 축

가. 석축의 규격, 재료는 설계도서에 맞게 설치해야 한다.
나. 석축의 전면 기울기는 메쌓기에서는 1 : 0.3, 찰쌓기에서는 1 : 0.2 이상을 표준으로 한다.
다. 석축 기초의 깊이는 시공지역의 동결심도보다 깊어야 하며, 최소 700mm 이상으로 한다.
라. 뒤채움 재료는 천연석 또는 부순돌로 강도가 크며 내구성이 있는 최대직경 150mm 정도의 굵기가 적당한 입도로 혼합된 것이어야 한다.
마. 되메우기 흙으로 유기질토, 나뭇조각, 콘크리트 덩어리, 벽돌 부스러기, 동결된 토사 등을 사용하여서는 안 된다.

3.6.2 장식벽

가. 장식벽은 담장이나 옹벽에 경관 목적을 위하여 표면 마감처리를 행하는 벽을 말한다.
나. 돌붙임, 벽돌치장쌓기, 타일붙이기는 이 시방서 20050에 따른다.
다. 치장재료는 견본품을 담당원에게 제출하여 승인을 득해야 하며, 시공 전에 줄눈나누기 등의 시공도면을 제출해야 한다.
라. 기타 뿜어붙이기 및 표면 긁기, 쪼아내기 등 특수한 처리는 공사시방서에 따른다.

3.6.3 담 장

가. 담장의 기초는 부등침하가 없도록 충분히 다져야 하며 최소 6m 간격으로 동결심도 이하로 기초보강을 해야 한다.
나. 벽돌이나 블록 담장의 경우 상단은 정확히 수평이 유지되어야 하며, 경사에 따라 계단식으로 마감해야 한다.
다. 치장쌓기의 경우 기초부위가 노출되지 않도록 치장면이 지면에 100mm 이상 묻히도록 한다.
라. 벽면은 기울어짐이 없도록 정확히 수직을 유지해야 하며 일정 구간마다 지지를 위한 기둥이나 그와 유사한 구조로 보강해야 한다.
마. 옹벽 등의 구조물 위에 설치하는 경우에는 하단의 재료분리선이 수평을 유지하여 깨끗이 마감되어야 한다.
바. 담장의 길이가 30m를 넘는 경우 20~30m 간격으로 신축이음을 두어야 한다.

3.6.4 문 주

가. 기초는 동결심도 이하로 충분히 다져 부등침하가 발생하지 않도록 하며, 성토지반인 경우 200mm 단위로 층다짐을 해야 한다.
나. 경사지라 하더라도 양쪽 문주는 서로 대칭을 유지해야 한다.
다. 치장쌓기 또는 붙이기를 할 경우 줄눈나누기를 하여 사전에 담당원의 승인을 얻어야 한다.
라. 문주의 상단은 물매를 만들거나 방수처리를 하여 수분이 침투되지 않도록 해야 한다.

3.6.5 계단 및 경사로

가. 계단 및 경사로의 규격, 재료, 경사 등은 설계도서에 맞게 설치해야 한다.
나. 계단은 침하가 발생되지 않도록 터파기 후 철저히 다져야 하며, 철근을 배근할 경우 반드시 50mm 이상 띄워 계단 본체와 일체가 되도록 해야 한다.
다. 경사로가 긴 경우에는 이음줄눈을 설치하여 부등침하가 생기지 않도록 해야 한다.
라. 장애인용 경사로를 설치할 경우의 표면처리는 미끄러지지 않게 소정의 마찰력을 지니도록 해야 한다.
마. 자연경관지역에 목재를 사용하여 계단 및 경사로를 설치할 경우에는 답압에 의한 목재의 유격이 생기지 않게 시공해야 하며, 미끄럼을 방지할 수 있는 조치를 해야 한다.
바. 미장을 할 경우에는 콘크리트 구조체에 붙은 유기불순물, 흙 등을 깨끗이 닦아낸 후 착수해야 하며 각 단에 물이 고이지 않도록 평탄하게 해야 한다.
사. 계단 상·하부에 측구, 도수로, 집수거, 집수정, 맨홀 등의 배수구조물을 적절히 설치

하여 시공해야 한다.

| 해 설 |

콘크리트 계단의 경우 지면에서 5㎝ 이상 이격하여 철근을 배근하고 콘크리트를 친 뒤에 최소 5일간 습윤상태를 유지해야 하며, 거푸집은 계단의 최종 마감치수를 감안하여 설치하고 날개벽과 일체시공이 되도록 해야 한다. 콘크리트는 계단 하부에서 상부 방향으로 연속해서 치고 재료분리가 일어나지 않도록 잘 다져야 하며, 콘크리트가 양생된 뒤 구체에 불순물이나 흙이 묻어 있을 경우 물로 깨끗이 닦아내고 물이 고이지 않도록 평탄하게 미장마감하고 모따기 한 뒤에 보호·양생해야 한다.
화강석 계단의 경우 기준틀에 따라 수평실을 치고 모서리나 구석 등 기준이 되는 위치로부터 모르타르를 바른 뒤에 계단석을 깔아나가야 하며, 고저차가 없고 턱지지 않게 설치하여 답면에 물이 고이지 않아야 한다.
경사로의 경우 미장을 할 경우에는 콘크리트 구조체에 묻은 유기불순물이나 흙 등을 제거해야 하고, 경사로가 긴 경우에는 이음줄눈을 설치해야 하며 부등침하가 생기지 않도록 조치해야 한다.

3.6.6 보도교

가. 설계도서 및 공사시방서에 따른다.
나. 높이가 2m 이상의 보도교는 난간을 설치해야 한다.
다. 무지개 형상의 곡선형 보도교는 종단 기울기가 8%를 넘지 않도록 하며, 미끄럼을 방지하기 위한 거친 표면처리를 해야 한다.

3.6.7 퍼걸러, 쉘터, 정자

가. 지표면과 접하는 기둥부위는 방부처리 이외에 추가적인 보호조치를 시행한다.
나. 정확한 균형을 이루며 종횡부재는 정확하게 조립되어 유동이 없도록 한다.
다. 횡단 부재는 시공 전에 수평규준틀을 설치하여 각각의 위치에서 수평을 유지하도록 한다.
라. 기둥은 규준틀을 설치하여 정확하게 수직을 이루도록 한다.
마. 지붕의 경사각 또는 평면이 전체적으로 일정하게 이루어져야 한다.
바. 철재기둥일 경우 공법은 철재공사의 관련규정을 적용한다.
사. 목재시설인 경우 공법은 목재공사의 관련규정을 적용한다.
아. 목재시설의 부재연결은 볼트나 쐐기를 이용하여 연결하고, 철재시설은 용접연결을 원칙으로 한다.
자. 사각 및 연결형 퍼걸러의 지주 파이프 상부의 휨 곡률은 일정해야 하며, 지주파이프 중간부 이하의 맞대임 부분은 적어도 3개소 이상에 용접을 해야 한다.
차. 지주파이프는 인접 지주와 평행해야 하며, 각각 동일 연직면에 있어야 한다.

카. 직각 연결형 퍼걸러의 지붕 연결부분은 45° 대각선상에 있어야 한다.
타. 지붕 목재 서까래의 연결부는 반턱이음으로 하되, 볼트구멍을 뚫을 때 목재에 파손이 생기지 않도록 한다.
파. 지붕의 차양재료로 쓰는 대나무발 또는 갈대발은 치밀하게 엮은 것을 사용하고, 대나무 졸대는 못을 박거나 PVC코팅선 등을 이용하여 지붕목재에 고정시켜야 한다.
하. 아스팔트 싱글은 세로선과 가로선이 일직선상이 되도록 시공해야 한다.
거. 물끊기판 설치는 처마와 평행하게 설치하며, 겹침 부위는 실링제로 틈새가 없도록 접착한다.
너. 목재를 잇대어 사용할시 외력에 의한 파손이 일어나지 않도록 고려하여 설치하되 이음부 주위를 철판으로 달아주도록 한다.
더. 목재 기둥 상부 부재는 동일 간격으로 균일하게 설치해야 한다.
러. 원형 퍼걸러의 경우 전체적으로 형태가 원형이 되도록 주의하며, 각 목재의 연결을 자연스럽게 고정시키고 전체적으로 모난 부분이 없어야 한다.
머. 바닥면은 물고임이 생기지 않도록 일정한 경사를 유지해야 한다.
버. 전통형 정자는 설계도서에 있는 구조 및 형태, 비례, 마감 상세가 전통적 양식에 적합한지를 시공 전에 확인해야 하며 문화재보호법규에 의해 인정하는 문화재보수 기술자가 시공해야 한다.

3.6.8 야외 스탠드

가. 계단식 스탠드를 원칙으로 하며, 평균 경사도는 14° 이상을 유지해야 한다.
나. 빗물이나 오물이 고이지 않도록 표면에서 돌출시키거나 일정 기울기가 유지되어야 하며, 맨 하단부에 측구 등의 배수구조물을 설치해야 한다.

3.6.9 전망대

가. 전망대의 재료 및 규격, 형상은 설계도서에 따르고 관련 재료 및 시공항목을 적용한다.
나. 주위보다 높게 돌출구조물로 설치하는 경우에는 높이 1.1 m 이상의 안전책을 설치한다.
다. 지붕구조물을 설치하는 경우에는 풍압 및 설하중에 견딜 수 있는 견고한 구조로 하고, 특수구조물일 경우에는 담당원과 협의하여 구조계산서를 제출해야 한다.
라. 피뢰침 등의 낙뢰보호시설을 설치한다.

3.6.10 소옹벽

가. 소옹벽은 소규모 비탈면 안정, 플랜터 박스 등에 사용되는 1 m 이하의 중력식 소옹벽에

한정한다.

나. 소옹벽의 규격 및 재료는 설계도서에 따른다.

다. 옹벽의 전면에는 1 : 0.02 정도로 경사를 두어서 시공오차로 인해 옹벽이 앞으로 기울어지는 것을 피해야 한다.

라. 옹벽기초 하단이 시공지역의 동결심도보다 깊어야 한다.

마. 옹벽 전면의 콘크리트 철근피복 두께는 50mm 이상 되게 하고, 문양거푸집을 사용하는 경우에는 문양 홈깊이를 제외한 두께가 50mm 이상이어야 한다.

바. 노출면은 균일한 외관을 얻을 수 있도록 콘크리트의 재료, 배합, 치기방법이 바뀌지 않도록 주의하고, 미리 정해진 구획의 콘크리트는 완료될 때까지 연속해서 쳐야 하며, 재료분리가 일어나지 않도록 잘 다져야 한다.

사. 문양거푸집을 사용할 경우 옹벽의 형상에 따라 그 설치공작도를 작성하여 담당원의 승인을 받아야 하며, 문양거푸집으로 인하여 설계도서에 지시된 옹벽두께가 감소하는 경우가 없도록 주의해야 한다.

아. 문양거푸집으로 1회용 발포 폴리스티렌을 사용할 경우에는 거푸집 제거와 동시에 옹벽에 부착된 발포 폴리스티렌을 깨끗이 제거하고, 제거된 폐기물은 소각로에서 소각처리하거나 현장 밖으로 반출해야 한다.

3.6.11 식생옹벽

가. 식생옹벽에 사용되는 조립식 블록은 모양과 색상이 균일하고 비틀림이나 균열 등이 없는 양질의 제품을 사용해야 한다.

나. 기초는 옹벽 높이의 1/2 만큼 터파기하고 부등침하가 발생하지 않도록 잡석다짐 또는 버림 콘크리트기초를 해야 한다. 이때 기초 주변은 배수가 잘 되도록 자갈층 또는 맹암거 등의 배수시설을 하여 침수에 의한 피해가 없도록 해야 한다.

다. 식생옹벽의 기울기는 설계도서에 따르되 옹벽용 블록은 선형과 수평이 일정하게 유지되도록 하며 뒤채움 시공시 옹벽 매 단 높이마다 1톤 이상의 소형 평면진동기로 2회 이상 균질하게 다짐해야 한다.

라. 옹벽구체 보강토는 배수에 유리한 마사토 성분의 사질양토 사용을 원칙으로 하며, 뒤채움용 골재는 투수성과 내구성이 양호한 자갈, 쇄석 등으로 석분이 함유되지 않은 재료이어야 한다.

마. 식재공사시에는 블록 내부를 식물생육에 적합한 사질양토로 채운 후 설계도서에 명시된 수목 및 초화류를 식재하되, 갈수기에 원활한 수분 공급을 위해 보습제를 동시에 사용해야 하며, 필요한 경우 옹벽 상단부에 점적관수시설을 도입해야 한다.

바. 옹벽 사이에 식재를 하는 경우 하단부는 부착되어 올라가는 만경류를 식재하고 중간단은 관엽이나 초화류를, 상단은 인동덩굴이나 줄사철 등 늘어지는 수종 또는 철쭉, 눈주목, 눈향 등의 조형미가 있는 수종을 선택하여 조기에 녹화가 가능하도록 한다.

20030 | 조경포장공사

1. 일반사항

1.1 제출물

수급인은 다음의 자료 등을 담당원에게 제출해야 한다. 특별히 명시하지 않은 경우의 제출 시기는 해당 공사 착공 전으로 한다.

1.1.1 현황관련 자료

포장 예정지의 노반상태를 점검한 도면 및 보고서

1.1.2 제품관련 자료

가. 공사에 사용될 포장재의 특성, 제조방법, 치수 및 특수문양 등의 제품자료 및 제작자의 설치지침서
나. 지정된 종류, 색상, 표면마감이 실제 제품과 동일하게 제작된 포장재 견본
다. 반입될 제품에 대한 한국산업규격표시 허가증 또는 품질인증승인서류, 형식승인서류 등의 사본
라. 표층재 제품 견본품 각 1㎡

1.1.3 시험 및 분석자료

가. 포장관련 시험, 검사, 확인보고서
나. 노상 및 노반토에 대한 토질시험 성적표
다. 시공 중에 실시하는 관리시험 성적표

1.1.4 시공도

가. 조립블록, 타일, 콘크리트 평판, 표층재 등의 배치평면도

나. 건물, 도로, 옥외장치물, 각종 구조물 등과의 접합방법
다. 종류가 다른 포장 상호간의 접합방법
라. 나지나 잔디밭과의 경계부위에 대한 마감처리
마. 마감높이 및 표면 배수구배의 검토

| 해 설 |

조경포장은 보행자, 자전거통행 및 차량통행의 원활한 소통 및 기능유지를 위해 지표면과 도로의 선형을 유지할 목적으로 설치한 포장을 의미하며, 포장면의 지지력 증대, 토양유실 방지, 평탄성 확보, 통행성, 지표성, 미적 분위기 조성, 원활한 통행 등의 기능성과 실용성을 높이기 위해 조성한다.
한편, 포장재료는 단순히 기능의 편의성 및 안정성에만 국한되는 것이 아니라 독특한 장소적 맥락을 표현하거나 주변 환경과의 조화가 요구되는 등 환경구성요소로 이해할 필요가 있다. 즉, 포장재료 선정시 장소적 특성과 재료의 특성을 동시에 고려하여 합목적적으로 선정하는 것이 바람직하다.

1.2 사전검사

수급인은 이 공사와 관련된 다음 사항의 확인 · 검사에 대한 담당원의 지시를 이행해야 한다.

1.3 운반, 저장 및 취급

1.3.1 아스팔트 혼합물의 운반

가. 아스팔트 혼합물은 깨끗이 청소된 덤프트럭을 사용하여 운반해야 한다.
나. 보온 및 이물질의 혼입을 방지하기 위하여 보호막 등으로 덮는다.
다. 아스팔트 혼합물이 적재함에 붙지 않도록 적재함 내부에 기름 등을 얇게 도포하며, 가능한 한 도포량은 최소량으로 해야 한다.
라. 기온이 낮을 때나 강한 바람이 불 때에는 아스팔트 혼합물의 온도가 급격히 저하하기 때문에 보온재나 마포로 아스팔트 혼합물의 표면을 덮어야 한다.

1.3.2 아스팔트 혼합물의 저장

가. 가열 혼합물의 믹서에서 덤프트럭에 직접 적재하지 않고 혼합 후 일단 저장할 경우, 12시간 미만인 경우에는 일시저장 빈에, 12시간 이상일 경우에는 가열저장 사일로에 저장한다.
나. 일시저장 빈에 저장할 경우에는 아스팔트 혼합물의 온도가 저하하지 않도록 하고, 혼합 직후의 온도보다 10℃ 이상 저하하지 않은 상태에서 배출해야 한다. 특히 저장 빈

배출구 부근은 온도가 저하하기 쉽기 때문에 충분히 보온해야 한다.

다. 아스팔트의 품질변화에 대한 방지대책시설이 없는 빈에서 12시간 이상 저장해서는 안 된다.

라. 사일로 안의 아스팔트 혼합물의 온도를 항상 확인할 수 있는 장치를 설치하고 온도 관리를 해야 하며, 온도검사 위치는 가능한 한 배출구 가까운 부분과 사일로 중앙부로 한다.

마. 3일 이상 저장하는 사일로 내의 혼합물에 대해서는 정기적으로 아스팔트 혼합물의 침입도를 확인하여 품질을 관리해야 한다.

바. 사일로 안의 혼합물이 적어지면 아스팔트 혼합물의 품질이 크게 저하되는 경향이 있으므로 장기간 저장할 경우에는 사일로 안에 가능한 한 다량의 혼합물을 채워두는 것이 바람직하다.

1.3.3 시멘트, 콘크리트용 자재

이 시방서 조경구조물공사의 해당 규정을 적용한다.

1.3.4 기타 표층재

가. 외기의 영향으로 변질되지 않도록 바람이 잘 통하는 곳에 저장해야 한다.

나. 비, 눈, 시멘트 가루, 흙, 기타 이물질에 오염되지 않도록 저장해야 한다.

1.4 측 정

가. 표층의 다짐 및 뒷정리가 종료된 상태에서 면적(㎡)단위로 산출한다.

나. 수평면적에 대한 면적을 측정하고, 이 면적을 경사면적으로 환산한다.

1.5 시공허용차

가. 노상 및 노반 : 직선거리 3m당 10mm 미만. 매 50㎡마다 2회 측정하여 평균값 적용

나. 기층 및 보조기층 : 직선거리 3m당 ±8mm 미만. 매 50m마다 2회 측정하여 평균값 적용

다. 표층재의 허용차 : 완성된 두께는 설계두께의 +10%, −5% 이내

라. 표면마무리 허용차 : 3m의 곧은 자로 재었을 때의 요철 ±6mm 미만. 매 50m마다 2회 측정하여 평균값 적용

마. 흙다짐 포장 후 표층두께의 오차 : ±10% 이내

1.6 이행 요구조건

가. 공사착공에 앞서 시공구역 내의 지장물 유무 및 지하매설물의 위치와 형상을 조사하여 사고가 발생하지 않도록 조치해야 한다.

나. 포장의 표면배수 기울기는 특별히 규정하지 않는 한 표 20030.1을 적용한다.

표 20030.1 포장의 표면배수 기울기

포장 종류	표면배수 기울기
원로, 보행자도로, 자전거도로, 광장	1.5~2.0 % 0.5~1.0 %

다. 포장 줄눈은 설계도서에 명시된 대로 설치해야 한다.

라. 포장 문양은 설계도서에 의하되, 필요시 문양 예시도를 작성하여 담당원의 승인을 받아 시행한다.

2. 자 재

2.1 노상 및 노반토

2.1.1 노상토

가. 노상토의 재료는 최대직경이 100mm 이하이고 75 ㎛체 통과분이 25% 이하이며, 시방 최소밀도에서 수침 CBR이 10 이상인 것을 사용해야 한다.

나. 부득이한 경우 담당원의 승인을 얻어 최대직경이 150mm 이하이고, 75 ㎛체 통과분이 50 % 이하이며, 시방 최소밀도에서 수침 CBR이 5 이상인 것을 사용해야 한다.

2.1.2 노반토

노반토는 최대직경 30mm 이하이고 75㎛체 통과분이 10 % 이하이며, CBR이 60 이상인 쇄석을 사용해야 한다.

2.2 보조기층 및 기층재

가. 투수성 아스팔트 포장의 필터층용 모래는 75 ㎛(No.200)체 통과분이 6 % 이하이고 투

수계수가 10^{-2}mm/sec 이상인 것을 사용한다.

나. 보도용인 투수성 아스팔트 포장의 보조기층 및 기층용 재료는 최대입경 19mm인 단립도의 부순돌을 사용하며, CBR이 20 이상이어야 한다.

다. 차량이 출입하는 투수성 아스팔트 포장의 보조기층 및 기층용 재료는 최대입경 25mm인 단립도의 부순돌을 사용하며, CBR이 60 이상이어야 한다.

2.3 표층재료

2.3.1 흙포장재

가. 표층안정제를 사용하지 않는 흙포장재는 바람에 날리지 않고 입자의 모양이 날카롭지 않아야 한다.

나. 화강암이 풍화한 화강토는 4.75mm(No.4)체를 통과하는 입도를 가진 골재가 고루 함유되어 다짐과 배수가 양호해야 한다.

다. 흙포장재는 시방 최고밀도에서 10^{-2}mm/sec 이상의 투수성을 가지고 있어야 한다.

라. 표층안정제는 피부에 접촉되더라도 유해하지 않은 성분으로서 빗물 등에 의하여 쉽게 유실되지 않는 것이어야 한다. 사용법은 제조업자의 지침에 따른다.

2.3.2 흙시멘트 포장재

가. 흙시멘트 포장에 사용되는 결합제로 포틀랜드 시멘트를 사용할 경우의 시멘트량은 혼합재료의 10%를 초과하지 않도록 하며, 혼합재의 7일 압축강도는 3 N/mm^2 이상이어야 한다.

나. 흙시멘트 포장에 사용되는 결합제로 석회를 사용할 경우의 석회량은 혼합재료의 10%를 초과하지 않아야 한다.

다. 흙시멘트 포장에 사용되는 결합제가 기성제품일 경우에는 생산자의 기준에 따라 혼합재료를 제조한다.

2.3.3 투수성 아스팔트 포장재

가. 투수성 아스팔트 혼합물은 10^{-1}mm/sec 이상의 투수성을 가지고 있어야 한다.

나. 투수성 아스팔트 혼합물에 사용되는 골재는 13mm 이하의 단립도 쇄석으로서, 잔골재는 사용하지 않아야 한다.

다. 포장용 아스팔트는 KS M 2201(스트레이트 아스팔트) 도로포장용 아스팔트의 규정에 적합해야 한다.

라. 투수성 아스팔트 혼합물의 마샬 기준치는 안정도 300kg 이상, 흐름도 2~4mm, 공극률 9~12% 이상, 포화도 40~55%로 한다.

마. 색소는 설계도서에 지정된 색상으로 하되, 사용품질에 지장이 없고 시공 후 탈색 또는 강도의 저하가 없으며, 물성적이나 환경적으로 문제가 없는 것이어야 한다.

2.3.4 아스팔트 및 콘크리트 포장재

포장용 아스팔트 혼합물과 콘크리트 재료 및 부속자재는 도로공사표준시방서의 해당기준을 적용한다.

2.3.5 인조잔디 포장재

가. 인조잔디의 표면재료는 인화성이 없는 것이어야 한다.

나. 투수성 인조잔디는 투수매트가 부착되어 있어야 한다.

다. 접착제는 제조업자의 지침에 따른다.

2.3.6 컬러 세라믹 포장재

가. 천연 또는 인공의 유색골재를 사용하되, 착색효과를 높이기 위해 함께 사용할 수도 있다.

나. 골재는 접착제와 혼합하기 전에 색깔, 형상 등에 대하여 담당원의 승인을 얻어야 한다.

다. 접착제는 투명한 열경화형 에폭시 수지를 사용한다.

2.3.7 콘크리트 블록

가. 보차도용 콘크리트 인터로킹 블록은 KS F 4419(보차도용 콘크리트 인터로킹 블록)에 준하여 제작된 한국산업규격 표시품 또는 동등 이상의 제품으로 한다.

1) 보도용 인터로킹 블록 : 28일 휨강도 5 N/mm^2 이상, 두께 60mm

2) 차도용 인터로킹 블록 : 28일 휨강도 6 N/mm^2 이상, 두께 80mm

나. 프리캐스트 콘크리트 블록 : 28일 압축강도 27 N/mm^2 이상, 두께 60mm, 흡수율 7 % 이하

다. 블록 깔기용 모래 입도는 2~8mm, 블록 줄눈 채움용 모래 입도는 3mm 이하를 기준으로 한다.

2.3.8 석 재

가. 포장용 석재는 KS F 2530(석재)의 규정에 적합해야 한다.
나. 석재의 표면은 우천시 미끄러지지 않게 표면가공된 것이어야 한다.
다. 내구적이고 흠이 없는 석재로 가공, 제작된 것으로 한다.

| 해 설 |

포장용 석재로 사용되는 화강석은 한국산업규격(KS)에 의한 경석 기준을 적용하게 되는데, 우리나라에서 생산되는 석재 특성에 비추어 볼 때 압축강도(500kg/㎠ 이상) 및 흡수율(5% 미만)이 지나치게 낮게 규정되어 있어 '압축강도 1,300kg/㎠ 이상, 흡수율 0.5% 미만'으로 명시할 수 있다.

2.3.9 타 일

가. 타일은 KS L 1001(도자기질 타일)의 규정에 적합해야 한다.
나. 타일의 표면은 우천시 미끄러지지 않게 표면가공된 것이어야 한다.
다. 금이나 박리층, 갈라짐, 깨짐 등이 없어야 한다.

2.3.10 합성수지 포장재

한국산업규격품 또는 동등 이상의 제품으로 한다.

2.3.11 고무바닥 타일

충격흡수재와 내마모성 표면재를 조합하거나 균일재료를 이중으로 조밀하게 하고, 내마모성 표면재를 상부로 하여 하나의 재료를 구성시켜 공장성형한 것으로 충격을 흡수할 수 있어야 한다.

2.3.12 경계블록

가. 콘크리트 경계블록은 KS F 4006(콘크리트 경계블록)의 규정에 합격한 한국산업규격품 또는 동등이상 제품이어야 한다.
나. 화강석 경계블록은 KS F 2530(석재)에 의한 화강석 재질로 균열이나 결점이 없어야 한다.

3. 시 공

3.1 노상 및 노반의 조성

3.1.1 노 상

가. 노상의 전압은 현장의 토질에 적합한 다짐기계에 의하여 소정의 밀도(KS F 2312(흙의 다짐시험방법) 흙다짐방법에 의해 정해진 최대건조밀도의 95% 이상)가 얻어질 수 있도록 고르게 다진다.

나. 성토에 의하여 노상을 조성할 때에는 1층의 두께(다진 후의 두께)가 200mm 이하가 되도록 다져 나간다. 다짐은 최적함수비에 가까운 상태에서 시행한다.

다. 지하수, 침투수, 용수 등을 발견한 경우는 배수처리법을 담당원과 협의해야 한다.

라. 노상토 중에 잔디, 풀, 수목의 그루터기 등의 유기물이나 기타 유해물질이 있는 경우에는 양질토로 치환하는 등의 처리방법에 대하여 담당원과 협의해야 한다.

마. 노상토의 입도분포가 불량하여 필요로 하는 지지력이 얻어지지 않을 때는 노상토의 안정처리에 대해 담당원과 협의해야 한다.

바. 동상이 예상되는 곳에서는 동상방지층의 설치에 대하여 담당원과 협의해야 한다.

사. 노상은 균일한 지지력을 얻을 수 있도록 마감해야 한다.

3.1.2 노 반

가. 노반재는 노상면에 손상을 주지 않으며 입도조성을 해치지 않도록 소정의 두께로 고르게 깔아야 하며, 소정의 밀도(KS F 2312 흙다짐방법에 의해 정해진 최대건조밀도의 95% 이상)가 얻어질 수 있도록 고르게 다진다.

나. 노반은 균일한 두께로 고르게 깔고, 1층의 다짐 두께가 150mm(다진 후의 두께)를 넘지 않도록 하며, 다짐은 최적 함수비에 가까운 상태에서 시행해야 한다.

다. 1층의 다짐이 끝난 후에는 다져진 표면을 갈퀴로 얕게 긁어 요철이 생기게 한 후, 그 위에 노반재를 깔고 다져 나간다.

라. 노반은 종·횡단의 성형, 소정의 두께, 균일한 지지력 및 평탄성이 얻어질 수 있도록 배려해 가면서 마감해야 한다.

마. 맨홀이나 경계석 주변은 지반침하가 일어나지 않도록 단단히 다진다.

3.2 흙다짐 포장

3.2.1 흙다짐 포장 일반

가. 포장용 흙이 다짐 최적 함수비보다 과다하게 수분을 함유하고 있을 때에 포설하여서는 안 된다.
나. 포장용 흙이 다짐 최적 함수비보다 너무 적은 수분을 함유하고 있을 때에는 다짐 최적 함수비에 가깝게 되도록 물을 뿌려가면서 포설하거나 다진다.
다. 다져진 노상 또는 하층토의 표면을 갈퀴로 얕게 긁어 요철이 생기게 한 후, 그 위에 포장용 흙을 포설하여 하층토와의 접합이 잘 이루어지도록 한다.
라. 마감층은 흙덩어리가 남지 않도록 갈퀴 등으로 충분히 긁어서 제거한다.
마. 표층 안정제는 소정 양을 균일하게 산포하고, 적당히 물을 뿌려가면서 다진다.
바. 설계도서에 특별히 명시되지 않은 경우, 포장면의 경사는 1% 이상으로 한다.
사. 과도한 다짐으로 불투수층이 형성되지 않도록 한다.
아. 포설은 다짐을 고려하여 설계두께에 30%를 더한 두께로 고르게 해야 한다.
자. 흙다짐 포설은 보조기층의 다짐도가 소정의 밀도에 따라 마무리된 후에 실시한다.
차. 포설 후 다짐을 실시하여 균일한 밀도를 가질 수 있도록 고르게 다진다.

3.2.2 운동장 및 코트

가. 지하배수를 위한 관을 소정의 깊이와 간격으로 설치하고, 소정의 시험에서 적합판정을 받은 흙을 채운 후 관이 파손되지 않도록 다져야 한다.
나. 코트의 표면경사는 센터라인을 분수령으로 코트의 종축방향으로 5%로 하고, 주위의 측구 부근에서는 약간 더 경사지게 한다.
다. 야구장의 표면경사는 투수 마운드로부터 주위를 향하여 0.5% 이상으로 하고, 투수 플레이트를 소정의 높이까지 성토하면서 내야쪽 면과 자연스럽게 연결되도록 마감한다.
라. 라인을 그을 때 기준으로 쓰기 위한 가이드 마크는 방부처리를 한 각재(45×45×300mm)를 지표면 아래 20mm 정도까지 박아 넣고 그 위에 나일론 수실이나 고무조각 등을 표식용으로 붙여 지표면 위로 나오도록 설치한다.
마. 라인은 가이드 마크를 기준으로 하여 실을 띄우고 그 실을 따라 옆으로 번지지 않도록 긋는다.

3.3 모래 및 쇄석깔기 포장

가. 놀이시설물 주변에 까는 모래는 최대입경 4mm 이하의 굵은 모래로 하되, 5mm의 체로 쳐서 유해한 물질을 걸러내는 작업을 2회 이상 실시해야 한다.

나. 놀이시설물 주변에 모래를 깔 때에는 배수시설에 대해 담당원의 확인을 받은 후에 깔기 작업을 시작하고 물 빠짐이 좋도록 마감해야 한다.
다. 모래포장은 모래와 양질의 흙을 고르게 혼합한 후 물을 뿌려가면서 다져서 소정의 높이와 두께로 되도록 마감해야 한다.
라. 쇄석포장은 쇄석을 고르게 포설한 후, 물을 뿌려가면서 다져서 소정의 높이와 두께로 되도록 마감해야 한다.
마. 표층 안정제는 소정 양을 균일하게 산포하고 적당히 물을 뿌려가면서 다져야 한다.

3.4 흙시멘트 포장

3.4.1 일반사항

가. 연약한 구역을 확인하기 위해서 시험다짐을 하고 연약한 구역은 깎아내야 한다.
나. 바닥면에 까는 부직포의 이음부분은 200mm 이상 겹쳐야 한다.
다. 결합재와 흙은 골고루 혼합해야 한다.
라. 혼합재는 200mm 미만의 두께로 연속된 층이 되게 포설해야 하며, 혼합재를 다진 후에는 즉시 표면을 양생용 피막으로 봉함해야 한다.
마. 1일 시공 종료시에는 수직한 직선의 시공이음을 만들어 두어야 한다.

3.4.2 포틀랜드 시멘트 혼합재

가. 혼합된 재료는 혼합수를 넣고 2시간 이내에 포설해야 한다.
나. 인접지역의 혼합재 포설은 30분 이내에 시행해야 하며, 혼합재의 다지기는 포설 후 30분 이내에 시작해야 한다.

3.4.3 석회 혼합재

가. 혼합된 재료는 혼합수를 넣고 16시간 이상 대기하고, 72시간 내에 포설해야 한다.
나. 인접지역의 혼합재 포설은 60분 이내에 시행해야 하며, 혼합재의 다지기는 포설 후 60분 이내에 시작해야 한다.

3.5 투수성 아스팔트 포장

3.5.1 필터층

가. 필터층이 노상토와 섞이지 않도록 하면서 두께가 균일하게 포설해야 한다.
나. 노상이 연약한 경우에는 담당원의 승인하에 노상 위에 보조기층재를 깔고 필터층과 동시에 다질 수 있다.

3.5.2 보조기층 및 기층

가. 재료의 분리가 일어나지 않도록 균일하게 포설한다.
나. 적절한 밀도와 투수기능이 얻어지도록 다진다.

3.5.3 표 층

가. 아스팔트의 혼합률은 3.5~5.5 %로 하며, 혼합물이 과열되지 않도록 가열하여 혼합하고, 혼합물의 온도가 내려가기 전에 포설해야 한다.
나. 투수성을 높이기 위하여 프라임코트와 텍코트의 접착층은 두지 않는다.
다. 포설을 할 때에는 재료의 분리가 일어나지 않도록 주의해야 한다.
라. 다짐은 혼합물이 밀리지 않고, 포장 표면의 평탄성이 유지되며, 투수성이 확보되도록 한다.
마. 특별히 명시되지 않은 경우 포장면의 경사는 2% 이상으로 한다.
바. 최종다짐 완료 후 24시간 이상 통행을 통제해야 한다.

3.5.4 아스팔트 및 콘크리트 포장

가. 수목에 통기 및 수분, 양분의 흡수가 가능하도록 수목의 뿌리목 주변에서 일정거리 이상을 격리하여 포장해야 한다.
나. 수축 · 팽창 등에 의한 파손을 방지하기 위하여 설계도서에서 명시한 일정간격으로 줄눈을 설치해야 한다.
다. 산책로 등에 콘크리트 포장을 할 경우 양쪽 모서리는 줄눈용 흙손으로 모따기를 해야 한다.
라. 콘크리트 포장의 표면은 각 마감의 종류와 특성에 따라 주변과 조화되게 마감해야 한다.

3.6 색조포장(컬러 세라믹 포장)

가. 포장재를 접착시킬 면의 표면은 접착에 장해가 될 수 있는 불순물이 없도록 정리해야 한다.
나. 접착제와의 혼합은 골재가 건조한 상태에서 한다.
다. 접착제의 경화 중에는 물기가 가지 않도록 주의하고, 먼지 등의 불순물이 포장면에 날아들어 가지 않도록 조치해야 한다.
라. 접착제의 경화시간 동안 포장면 위로의 출입을 통제해야 한다.
마. 2개 층으로 나누어 포설할 때에는 하층부 혼합물이 충분히 경화된 후, 담당원의 승인을 얻어 상층부 혼합물의 포설을 시작한다.

3.7 인조잔디 포장

가. 기층부의 종류에 따라 배수가 잘 되도록 조치해야 한다.
나. 바닥은 요철이 없도록 고르게 다듬어야 하고 오물, 먼지, 물기, 녹 등을 제거하여 기층부와 잘 접착되도록 해야 한다.
다. 접착제는 요철이 생기지 않도록 고르게 도포해야 하며, 접착제가 잔디면에 묻지 않도록 주의해야 한다.
라. 수성 인조잔디는 기층부와의 접착에 의하여 투수성이 저하되지 않도록 해야 한다.
마. 이음부위에서 단차가 발생하지 않도록 해야 한다.
바. 외기온도 10℃ 이하에서는 접착제의 접착력이 저하될 우려가 있으므로 담당원과 협의하여 공사를 진행해야 한다.
사. 접착시킨 후 롤러로 고루 문질러서 접착면에 틈새가 생기지 않도록 해야 한다.

3.8 조립블록 포장

3.8.1 완충 및 줄눈용 모래

가. 완충용 모래의 포설은 노상, 노반의 공사가 완료된 시점에서 담당원의 확인을 받아 시작한다.
나. 모래깔기는 1일 시공분량만큼만 깔도록 하고 고른 모래 위로의 통행을 금지해야 한다.
다. 완충용 모래는 균일하게 깔아야 하며, 따로 명시되지 않은 경우의 다짐 후 두께는 30mm로 한다.
라. 완충용 모래는 물을 뿌린 후 평면진동기로 다진다.
마. 줄눈용 모래는 줄눈에 들어가기 쉽도록 건조한 상태의 것을 사용하고, 평면 진동기를

사용하여 줄눈에 충분히 충전하며, 충전 후의 남은 모래는 깨끗이 제거해야 한다.

3.8.2 블록 표층

가. 블록을 절단해야 할 경우에는 현장가공으로 마무리한다.
나. 블록을 포설할 때에는 소정의 표면기울기를 얻을 수 있도록 경사에 맞추어 실을 띄워 놓고 시공해야 한다.
다. 블록포장 표면마감에는 평면 진동기를 이용하며, 소정의 평탄성이 얻어지도록 마감한다.
라. 경사가 급한 곳에 포설하는 경우에는 끝부분의 마감에 대하여 충분히 주의하여 변형이 생기지 않도록 해야 한다.
마. 맨홀이나 경계석 주위에 절단된 블록이 들어갈 경우에는 그 마감방법에 대하여 충분히 주의해야 한다.
바. 블록은 보행 또는 차량의 진행방향을 기준으로 설계도서에 명시된 문양으로 마감부부터 연속적으로 포설해야 한다. 이때 블록과 블록 사이의 간격은 2~5mm를 기준으로 한다.

3.9 석재 및 타일 포장

3.9.1 바탕 콘크리트

가. 보조기층은 바탕 콘크리트보다 300mm상 넓게 하여 다진다.
나. 콘크리트 포장에 준하여 거푸집 설치, 철근배근 및 콘크리트 치기 공사를 한다.
다. 설계도서에 명시된 대로 이음매를 설치하되 모든 이음매는 마무리된 표면에 직각되게 설치한다.

3.9.2 포장재의 배치

가. 포장패턴, 경계석, 기타 공작물과의 접합 및 신축줄눈을 고려하여 배치한다.
나. 포장재를 절단해야 할 경우에는 현장가공으로 한다.

3.9.3 줄 눈

가. 줄눈은 지정된 패턴과 폭에 따라 마무리한다.
나. 치장줄눈을 모르타르로 할 때에는 표면에 모르타르가 부착되지 않도록 주의한다.
다. 타일포장의 신축줄눈이 따로 명시되지 않은 경우에는 발포 폴리에틸렌으로 신축줄눈을 만들고 표면을 폴리설파이드계 코킹재로 마감한다. 이때 신축줄눈에 의하여 둘러싸이는 부분은 10㎡ 이하가 되도록 한다. 또한 바탕 콘크리트 신축줄눈과의 위치를 정확히 맞추도록 한다.

3.9.4 설 치

가. 소정의 표면기울기가 되도록 기준실을 띄워 정확히 설치한다. 넓은 면적을 포장할 때에는 측구나 맨홀의 위치를 고려하여 경사를 잡을 방향을 결정한다.
나. 판석깔기는 고름 모르타르 바탕 위에 붙임 모르타르를 펴고 기준틀에 따라 판석을 깐다. 모르타르가 잘 밀착되도록 나무망치로 두들겨 넣고 수평이 되도록 한 후에 판석 사이에 붙임 모르타르를 빈틈없이 채워 넣어 마무리한다.
다. 포석깔기는 바탕 모르타르가 굳기 전에 세척된 포석을 올려놓고 밀착되게 가볍게 두들겨 넣는다. 모르타르가 흘러내리지 않을 정도로 물을 뿌려 포석을 고정시킨 다음 연결 모르타르로 줄눈채움 작업하여 마무리한다.
라. 타일붙이기는 바탕면 청소 및 물축임 후 붙임 모르타르를 펴고 기준실에 따라 타일을 붙인다. 붙임 모르타르가 배어나올 정도로 고무망치로 가볍게 두들기면서 줄눈이 바르고 수평이 되도록 붙여 나간다.
마. 불규칙한 형상의 자연석 평판을 깔 때에는 가설치를 한 후 본 설치를 하도록 한다.
바. 석재나 타일마감 후 표면에 묻은 모르타르를 닦아내고 양생될 때까지 통행을 금지한다.

3.10 자갈면 노출 포장

3.10.1 씻어내기에 의한 자갈면 노출 포장

바탕 콘크리트에 모르타르(1 : 3)를 20mm 두께로 깔고, 그 위에 자갈과 모르타르를 포설한 후 붓질 등으로 자갈면을 노출시키면서 자갈의 위치를 조정하여 마감한다.

3.10.2 자갈박기 포장

바탕 콘크리트 위에 모르타르(1 : 3)를 20mm 두께로 깐 후, 자갈을 세워서 박고 흙손으로 표면을 마감한다.

3.11 합성수지 포장

가. 접착제의 접착효과가 저하되지 않도록 오물, 먼지, 모래, 녹, 물기 등을 제거한 후 접

착제를 도포해야 한다.

나. 접착제, 용제 등은 밀폐되지 않은 곳에서 보관하여 접착력이 떨어지지 않은 것을 사용해야 한다.

다. 접착제는 용제와 잘 혼합하여 균질이 되게 해야 하며, 고르게 도포하여 요철이 생기지 않도록 하고, 화기에 특히 주의해야 한다.

라. 외기온도 10℃ 이하에서는 접착제의 접착력이 저하될 우려가 있으므로 담당원과 협의하여 공사를 진행해야 한다.

3.12 기타 포장류

3.12.1 고무바닥 타일 깔기

가. 원지반 다짐 후 콘크리트 포장에 준하여 지정된 두께로 콘크리트를 치고 양생한 다음 바탕위에 고무바닥 타일을 깔고 완전히 접착시켜 마감한다.

나. 구조물에 접하여 도려낸 부위는 틈새가 최소화되도록 하고, 틈새 폭이 10mm 넘는 경우 타일을 걷어 내고 다시 깔도록 하며, 틈새는 실란트로 채워 마감한다.

3.12.2 잔디 블록

고압 합성수지 블록재 등을 잔디와 같이 사용하여 바닥포장을 할 경우에는 미끄럼이나 바닥의 요철 등이 생기지 않도록 해야 한다.

3.12.3 원주목(통나무) 포장

가. 원지반을 다진 뒤 그 위에 모래를 고루 깔고 평면진동기로 다져 다짐두께가 30mm 되도록 한다.

나. 원주목 포장은 고정된 모서리로부터 시작하여 공극률 15%를 기준으로 원주목을 깐 다음 공극을 가는 모래로 완전히 채워 넣고 바닥을 평면진동기로 고르게 다지고, 잔디줄눈 포장은 공극률 35%를 기준으로 원주목을 깔고 바닥을 평면진동기로 고르게 다진 후 공극 사이에는 잔디를 식재하여 마감한다.

다. 통나무를 잘라서 포장을 할 때에는 직경이 작은 쪽이 위를 향하게 한다. 바탕 모르타르면의 경사는 배수를 고려하며 약간 급하게 잡고, 포장면의 주변부에는 물빼기 구멍을 설치한다.

3.12.4 우레탄 포장

가. 기층 부분은 일반적인 포장의 경우와 같이 설계도서의 지시대로 충분히 다져야 하며, 표면은 평평하게 골라야 한다.
나. 프라이머 도포 시공시 화기에 주의해야 하며, 프라이머를 완전히 건조시켜 경화 후에 후속작업을 시행해야 한다.
다. 혼합교반은 1회 사용량을 가사시간 내에 사용할 수 있는 양으로 해야 하며, 제조업자의 제품시방서에 따라 기포가 흡입되지 않게 균일한 혼합교반이 되도록 해야 한다.
라. 우레탄 도포의 우레탄 1회 시공두께는 5.5mm 이상 초과해서는 안 되며, 소정의 두께가 나올 때까지 여러 회 되풀이해서 시공하며, 2회차 도포시 균일도포를 위해 1회 도포와 직각방향으로 도포하고 규정된 재도포 시간간격을 준수해야 한다.
마. 우레탄 마감처리 공사가 완료된 후 7일 이상 양생해야 하며, 하중을 동반하는 통행이 없도록 조치해야 한다.

3.13 경계블록

가. 벽돌, 블록, 목재류, 강재류, 합성수지류 등의 각 재료별 경계처리는 설계도서 및 공사시방서에 따른다.
나. 곡선부위는 미관을 고려하여 곡선형 제품을 사용해야 한다.
다. 도로경계석은 차량의 바퀴가 올라설 수 없는 높이로 해야 한다.
라. 서로 다른 재료의 연결부에서는 재료의 뒤섞임이 생기지 않도록 높이를 조절해야 한다.
마. 경계블록의 마무리면은 평탄성을 유지해야 하며, 줄눈 모르타르의 강도가 충분히 확보된 후가 아니면 경계블록의 뒤채움을 해서는 안 된다.

20035 | 관수공사

1. 일반사항

1.1 제출물

수급인은 다음의 자료 등을 담당원에게 제출해야 한다. 특별히 명시하지 않은 경우의 제출시기는 해당공사 착공 전으로 한다.

1.1.1 인 · 허가 자료

가. 급수, 전기 관련 인허가 서류
나. 배관에 따른 도로굴착시 도로굴착 허가서류

1.1.2 제품관련 자료

가. 공사에 사용될 자재 및 계기류의 제품자료 및 설치지침서
나. 관수장치의 운전 및 유지관리 지침서
다. 관수장치 보수용 자재를 계약서의 내용에 따라 제출해야 한다.

1.1.3 시험 및 분석자료

가. 동력장치의 출력기기 효율에 대한 시험성과표
나. 수압시험 실시기록, 통수시험 실시기록, 펌프작동시험 성적표 등

1.1.4 시공도

가. 관의 가공, 접합방법 및 매설방법에 대한 시공상세도
나. 수리계산 및 용수소요량 산출서

1.1.5 공사 준공시

가. 매설물의 실제 위치도와 유지관리지침서
나. 수급인은 관수설비를 공급할 때와 동일한 가격과 품질의 유지 · 보수품을 제공해야 한다. 유지 · 보수품의 수량은 밸브를 포함하는 관수설비의 5 %에 상당하고, 각 부품은 1개 이상이어야 한다.

| 해 설 |

관수공사는 생활용수 공급을 위한 음료수대 등 상수도시설, 조경식물의 생육과 성장을 위한 관수 및 살수시설공사로서 취수, 도수, 저수, 정화, 송수 등에 소요되는 관수시설물 설치공사를 의미한다.

1.2 사전검사

수급인은 이 공사와 관련된 다음 사항의 확인 및 검사에 대한 담당원의 지시를 이행해야 한다.

1.3 운반, 저장 및 취급

수급인은 공사용 기자재의 운반, 저장, 취급시 다음의 사항을 준수해야 한다.
가. 각종 계기류는 충격방지용 포장재에 포장된 채로 운반해야 한다.
나. 각종 배관용 자재는 빗물에 젖거나 오물에 의해 더렵혀지지 않도록 조치해야 한다.
다. 플라스틱 접착제는 제조업자의 저장요건에 맞추어 서늘한 곳에 저장한다.

1.4 측 정

배관과 관련하여 시공되는 터파기, 되메우기, 기타 부대공사는 배관공사가 완료된 길이에 따라 별도 산정한다.

1.5 시공허용차

가. 누수율은 단위시간당 관수량의 1/100,000 이내로 한다.
나. 각종 기기 및 기구류의 오동작이 없어야 한다.
다. 살수량은 토양의 침투율 이내로 하여 표면유수가 없어야 한다.
라. 관매설 깊이는 ±50mm 이내로 한다.

마. 매설형 살수기의 매설깊이는 지표면에서 ±5mm 이내로 한다.

2. 자 재

자재는 제조업자의 표준제품으로 하고 제조업자의 성명과 주소, 모양, 모델 및 일련번호를 표시한 명판이 붙어 있어야 한다.

2.1 예비부품

수급인은 자재조달계획의 승인 후 자재목록과 구매예정 수량을 작성 및 보관하고 총사용량의 10% 이상, 항목당 최소 2개 이상의 예비부품을 구비해야 한다.

2.2 관 재

관망은 한국산업규격에 적합한 스테인리스 강관이나 염화비닐관 혹은 주철관을 사용하고, 특히 주관망은 내구성이 뛰어난 스테인리스 강관이나 주철관을 사용한다.

2.2.1. 주철관

주철관은 KS D 4311(덕타일 주철관)에 따른 수도용 원심력 덕타일 주철관을 사용한다.

2.2.2. 아연도 강관

아연도 강관은 KS D 3537(수도용 아연 도 강관)에 따른 수도용 아연도 강관 중 백관을 사용한다.

2.2.3. 스테인리스 강관

스테인리스 강관은 KS D 3595(일반 배관용 스테인리스 강관)에 따른 배관용 스테인리스 강관으로 한다.

2.2.4. 염화비닐관

염화비닐관은 KS M 3401(수도용 경질염화비닐관)에 따른 수도용 경질염화비닐관으로 한다.

2.3 이음재

가. 내경 50mm 이상인 관의 연결은 링조인트나 나사조인트 또는 제조업자가 추천하는 연결부품을 사용하고 내경 40mm 이하는 소켓이나 커플링을 사용한다.

나. 수압 0.69 N/㎟ 에서 누수가 없는 것이어야 한다.

2.4 밸브류

수압 0.69 N/㎟에서 누수가 없는 것이어야 한다.

2.5 살수기

충격에 강한 재질이어야 하며, ±20 %의 수압변화에도 설계 토출량이 분사되는 것이어야 한다.

2.6 점적관수기

충격에 강한 재질로서 ±10 %의 수압변화에도 설계 토출량이 나오는 것이어야 한다.

2.7 기타 재료

가. 밸브 박스는 주철제 도난방지용 뚜껑이 붙은 것으로 한다.

나. 수도미터 박스는 콘크리트제 도난방지용 뚜껑이 붙은 것으로 한다. 단, 수도미터의 구경이 40mm 이하인 경우는 주철제 박스로 할 수 있다.

다. 설계도서에 명기되지 않은 경우 퀵 커플링용 박스는 주철제 도난방지용 뚜껑이 붙은 것으로 한다.

라. 펌프는 운전시 지나친 소음이 없고 유류의 혼입이 없는 구조이어야 한다.

마. 전동기는 교류 삼상 유도 전동기로 한다.

| 해 설 |

관수설비는 크게 분무식(spray system)과 낙수식(drip emitter system)으로 구분한다. 분무식 관수설비는 비용이 많이 소요됨에도 불구하고 가장 보편적이고 일반적으로 사용하는 방식으로, 통상 배관과 고정 및 인건비가 65%, 살수기(sprinkler heads)와 밸브, 조절기 및 부속품 비용이 35% 정도 소요된다. 살수기는 헤드에 따라 입상형(pop-up), 특수형(special), 관목형(shrub)으로 구별되며, 살수기에 사용하는 노즐은 1, 3/4, 1/2, 1/4 원주식과 2/3, 1/3 시리즈가 있고 헤드배치에 따라 0도에서 330도로 조정되는 원주를 가진다.

낙수식 관수설비는 점적관수기(낙수기, emitter)와 분배관 두 가지 주요 구성품으로 이루어진다. 점적관수기는 소량의 관수구멍으로 물을 떨어뜨리거나 적당량 흘러내리게 하는 타입이 있으며, 일반적으로 비보충식과 보충식 두가지 유형이 있다. 비보충식은 수압, 마찰손실, 높이에 따라 분배되는 수량 전체를 방출하며, 보충식은 주어진 압력범위 내에서 수량을 사전결정하는 것으로 비보충식보다 효율적이다.

3. 시 공

3.1 배관

3.1.1 사전 검토사항

배관의 시공에 앞서 각종 관 및 기기와의 관련 사항을 검토하고 경사를 고려하여 위치를 결정한다.

3.1.2 가 공

가. 관은 관의 길이방향에 대하여 직각으로 절단하고, 절단시 관을 찌그러뜨리지 않는 기구를 사용해야 하며, 절단부위는 관의 내·외부가 벗겨지거나 거스러미가 붙어 있지 않도록 마무리한다.

나. 배관용 강관은 절곡기 등에 의한 구부림 가공을 하지 않는다.

3.1.3 배 관

가. 배관은 현장여건을 고려하여 최소 수량의 연결관을 사용한다.

나. 파이프 설치시 공기가 잔류할 수 있는 높은 지점이나 역류를 유발시킬 수 있는 역경사가 발생하지 않도록 한다.

3.1.4 관의 접합

가. 강관의 나사접합은 나사부위에 방식용 실링제 혹은 실링테이프를 사용하여 누수를 차단한다.

나. 노출된 나사부위나 표면이 손상된 곳에는 녹막이 페인트를 칠하고 방식용 실링제는 위생상 무해한 합성수지계 제품을 쓴다.

다. 나사내기에 쓰이는 절삭유는 위생상 해가 없는 수용성으로 한다.

라. 염화비닐관의 접합은 접착제를 사용하는 냉간공법으로 한다. 접합 후 5시간 이내에는 접합부위에 힘을 가해서는 안 된다.

마. 폴리에틸렌관의 접합은 기계적 접합을 표준으로 한다.

3.1.5 토 공

가. 관매설을 위한 터파기는 정확한 계획고와 기울기를 유지하고 인력으로 주의 깊게 마무리한다. 설계도서에 특별히 명시되지 않은 경우에는 바닥면의 폭을 관의 바깥직경보다 300mm 이상 넓게 파고, 수직 터파기로 한다.

나. 되메우기는 다짐 최적 함수비에 가까운 토양수분상태에서 시공하고, 시공 후 침하가 발생하지 않도록 다진다. 더돋우기는 20%로 한다.

3.1.6 매설 깊이

가. 호칭경 50mm 이하는 지표면으로부터 450mm 이상의 깊이에 매설하고 호칭경 65mm 이상은 750mm 이상의 깊이에 매설한다.

나. 도로부분 매설깊이는 차도부분에서는 1.2m 이상, 보도부분에서는 1m 이상으로 한다.

3.1.7 기 타

가. 시공 중에는 개구부로 이물질이 들어가지 않도록 플러그 등으로 막아 놓는다.

나. 배관에 누수현상이 발견되었을 때에는 관 혹은 연결구를 교체하여 수리해야 하고, 코킹재 등으로 수리하여서는 안 된다.

3.2 살수기 및 점적관수기의 설치

3.2.1 살수기의 설치

가. 살수기는 누수되지 않도록 설치해야 한다.

나. 관수지역 외로 물이 분사되지 않도록 분사각도를 조절해야 한다.

다. 살수반경과 토출량을 점검하여 규격에 미달하는 살수기는 교체해야 한다.

3.2.2 점적관수기의 설치

가. 점적관수기는 누수되지 않도록 설치해야 한다.
나. 표면유수가 생기지 않도록 점적관수기의 토출량을 조절해야 한다.
다. 점적관수기 밑에 수직적인 홈이 파이지 않도록 유의해야 한다.

| 해 설 |

관수설비 설치

(1) 낙수식 관수설비의 경우 주관망의 수압시험이 끝난 후에 지선을 설치하고, 설치깊이는 공사시방서 또는 시공 상세도에 따라 최소 30㎝ 이상으로 하며, 필요한 최소폭으로 터파기한다. 지선이 보도나 도로를 횡단할 경우에는 슬리브를 설치하고 양쪽으로 30㎝ 이상의 여유를 두어야 하고, 낙수기를 설치할 관수관은 급수해야 할 수목에 인접하여 설치해야 하며, 폴리에틸렌관은 지상에 노출시켜서 설치할 수 있으나 염화비닐관은 매설해야 한다. 개개 수목에 필요한 낙수기의 수량은 수목의 관수량과 낙수기의 급수량으로 결정한다. 낙수기를 폴리에틸렌관에 연결하는 경우 펀치로 구멍을 깨끗이 뚫어서 비늘이 관 안으로 들어가게 하며 구멍의 크기는 비늘의 크기보다 작게 하여 누수를 방지해야 한다. 염화비닐관에 연결할 때는 나사식의 낙수기를 사용해야 한다. 폴리에틸렌관에 낙수기를 연결한 후 관을 적절히 움직여서 낙수기가 수목의 근원부위에 위치하도록 하여 고정팩 등을 이용하여 고정시킨다. 관경은 연결된 낙수기의 토출량과 마찰손실을 고려해서 결정한다. 동일 관에 연결되는 낙수기의 최대 수량은 관말부위에서 현저한 수압강하가 생기지 않도록 결정한다. 관말부위에는 자동 배수밸브를 설치한다.

(2) 살수식 관수장비의 지선 설치는 낙수식과 동일하고, 살수기는 급수지역에 균등하게 살수될 수 있도록 살수반경이 서로 중첩되게 설치하며, 중첩의 정도는 풍속과 수압에 따라 결정된다. 설치는 나사식으로 하고, 급수지역의 형태에 따라 적합한 분사각도를 선택하여 도로나 인도에 살수되지 않도록 하며, 한 지선에 설치되는 살수기의 최대 개수는 제조업자의 제품시방서에 의해 현저한 수압강하 및 토출량의 차이가 발생하지 않도록 결정해야 한다.

3.3 기기의 부착

가. 펌프 및 전동기는 빗물이나 이슬에 젖거나 침수될 우려가 없는 곳에 설치해야 한다.
나. 펌프는 받침대를 기초 위에 수평으로 놓고 펌프와 전동기를 수평, 직선이 되게 조정하고 볼트로 고정하여 설치해야 한다.
다. 물탱크는 만수시의 중량과 외부의 충격에 대하여 충분히 견딜 수 있는 구조로 안전하고 견고하게 설치하며, 이때 탱크 주위 배관의 중량이 직접 탱크에 걸리지 않도록 지지해야 한다.
라. 펌프실, 기계실 등에는 시공업자명, 완성 연월일, 탱크의 유효용량, 사용기기의 품명,

규격, 제작소명 및 조작용 배관계통을 기록한 플라스틱제 도판을 부착해야 한다.

3.4 제어장치/관수장비/기계실

가. 펌프의 전동기에는 과전류 및 누전 차단기를 부착해야 한다.
나. 3.7 kW 이상의 유도전동기는 기동장치가 부착되어 있어야 한다.
다. 전동기의 철재 받침 및 펌프의 외벽상자는 접지공사를 해야 한다.
라. 펌프류의 기초는 기기의 중량 및 외력에 견디고, 설치에 충분한 지지면적을 가지는 철근 콘크리트제로 하며, 지지력이 있는 지반 위에 설치해야 한다.
마. 기초의 높이는 지표면보다 300mm 높게 하는 것을 표준으로 하며, 표면을 모르타르 마감으로 하고, 주위에 배수구를 설치하여 호칭직경 30mm 이상의 염화비닐관으로 외부의 배수로에 연결시킨다.

| 해 설 |

자동조절기 및 원격조절밸브 설치

자동관수방법을 사용할 때는 적절한 범위의 지역마다 원격조절밸브를 설치하여 자동으로 개폐되도록 하고 각각의 밸브는 별도의 밸브함 속에 설치한다. 원격조절밸브를 작동시키기 위해서는 자동조절기와 밸브 사이에 조절전선으로 연결하여 작동시키는데 매설방법은 시공 상세도에 따르며, 자동조절기는 이중 프로그램이 가능해야 하고 각각의 원격조절밸브로 제어할 수 있어야 한다. 자동조절기는 별도의 기계실 속에 설치하거나 옥외에 설치할 수 있으며 옥외설치용은 장기간의 노출에 견딜 수 있어야 하고 방수처리가 된 제품이거나 그렇지 못할 경우 별도의 보관함을 설치해야 한다.
조절전선은 주관로와 함께 상세도와 같이 매설하거나 별도의 선로에 직접 매설한다. 특히, 조절전선을 매설할 때는 여러 가닥을 3m 간격으로 테이프로 묶어주고 팽팽하게 당기지 말고 방향을 바꿀 때는 1m 정도를 말아 여유길이를 확보해야 하고, 구조물이나 포장지역을 횡단할 때는 슬리브를 설치하며, 선로를 되메우기할 때는 고운 모래를 사용하고 주관로와 마찬가지로 상부에 경고테이프를 사용한다.
원격조절밸브별로 급수량이 확정되면 매시간 균등한 유량이 흐르도록 밸브별 작동시간을 결정하여 자동조절기의 밸브별 단자에 입력시켜야 하며, 급수 프로그램은 하계와 동계 두 가지를 작성하여 자동조절기에 입력하고 별도의 프로그램을 서면화시켜 유지관리용으로 보관하도록 한다.

3.5 시 험

3.5.1 수압시험

가. 배관이 끝난 후 되메우기 전에 실시하고, 모든 기구의 부착이 끝난 후에도 실시하며, 관수대상 지역이 넓을 때에는 담당원의 허락을 얻어 부분적으로 실시할 수도 있다.
나. 수압시험은 담당원의 입회하에 최고 사용수압의 1.5배의 수압에서 30분 이상 실시하여

누수가 없는 것을 확인해야 하며, 수압시험 실시 기록은 담당원에게 제출한다.

3.5.2 통수시험

가. 모든 기구류의 부착이 끝난 후 관수 구간별로 통수시험을 해야 한다.
나. 통수시험은 맑은 물이 토출될 때까지 실시하며, 이때 오물 등에 의하여 막히지 않도록 유의해야 하고, 통수시험이 끝난 후 통수시험 실시 기록을 담당원에게 제출한다.

3.5.3 기 타

가. 펌프에 대한 작동시험을 실시하고, 그 시험성적표를 담당원에게 제출해야 한다.
나. 전동기는 절연저항 및 절연내력에 대한 측정시험을 실시하고, 그 시험성적표를 담당원에게 제출해야 한다.

3.6 시범 및 교육

설치가 완료되면 담당원 또는 담당원이 지정하는 관리운영자에게 작동을 시범하고, 관리운영에 대하여 교육해야 한다.

20040 | 식재공사

1. 일반사항

1.1 제출물

수급인은 다음의 자료 등을 담당원에게 제출해야 한다. 특별히 명시하지 않은 경우의 제출 시기는 해당공사 착공 전으로 한다.

1.1.1 현황관련 자료

시공에 앞서 수급인은 공사지역의 지하매설물 및 지장물을 조사하고 이의 조치계획을 작성하여 제출한다.

1.1.2 제품관련 자료

가. 토양개량제, 비료, 약제, 기타 처리제의 품질입증을 위한 자료를 말한다. 제품이 바뀔 때마다 밀봉용기 1포의 견본품

나. 반입 표토의 견본 1㎥. 취토장 및 토양조건이 바뀔 때마다 취토장의 현황도 및 사진

다. 지주목재료, 멀칭재 등 기타 잡재료의 견본품

1.1.3 시험 및 분석자료

가. 수급인은 수목의 생장을 좌우하는 토성을 시험하고, 시험성적자료와 그 조건을 개선하기 위한 제안서를 제출해야 한다.

나. 기타의 제품 또는 자재는 공인기관의 시험성적서 또는 자체시험성적서

1.1.4 재료조달계획서

식물재료의 반입시 산지, 규격, 수량 등 관련사항이 명기된 재료조달계획서를 제출해야 한다.

1.1.5 시공도

가. 경관수목 식재시에는 2개소 이상의 측점에서 입체 투시도를 제작 · 제출하여 담당원의 승인을 받는다.
나. 지주설치 시공 상세도

1.1.6 공사 준공시

가. 실 공사일자, 식재식물 목록, 식재식물의 정상적인 생육을 유지시키기 위한 제반 관리 방법, 관리계획 등을 포함한 각종 자료를 준공서류와 함께 제출한다.
나. 준공검사시 개화상태를 볼 수 없는 화목류는 동일 품종 수목의 컬러 개화사진을 준공 사진첩에 첨부하여 제출한다.

| 해 설 |

조경시공에 있어서 식물은 가장 중요한 소재(수목과 잔디, 지피초화류 등)로 조경양식을 결정하는데 있어서 중요한 역할을 수행한다. 그러나 조경설계가 잘 되어 있다 하여도 시공된 식물이 잘 살지 못하거나 생육상태가 좋지 않으면 조경공간은 결국 황폐화되기 때문에 식물의 생리 · 생태적 특성, 생육환경, 그리고 식재시공 관련 기술 등이 종합적으로 요구된다.

식재공사와 관련해 주요용어를 정리해보면 다음과 같다.

① 조경수목이란 실내외 정원, 공원, 도로 등의 녹화 및 경관용으로 식재되는 수목으로 공간의 미적 기능, 건축적 기능, 공학적 기능, 기상학적 기능 등 다양한 기능에 이용되는 수목을 말한다.
② 이식이란 수목을 인위적인 방법으로 캐내어 운반 · 식재하는 것으로서 전 과정에 걸쳐 활착 및 생활에 필요한 조치를 취하는 행위를 말한다.
③ 식재란 어떤 장소에 반입 · 운반된 수목을 시방기준에 맞추어 심는 행위를 말하며, 그 과정에서 필요한 식재구덩이 파기, 나무앉히기, 되메우기, 지주목 설치, 비료주기, 물주기, 가지치기, 약제 살포, 활착 및 생육에 필요한 모든 조치를 포함한다.
④ 가식(임시식재)이란 식재하기 전에 일정기간 동안 지정된 장소에 임시로 식재하는 행위로서 식재의 여러 조치 중 일부만 포함된다.

한편, 식재시공에 있어서 고려해야 할 주요사항을 살펴보면 다음과 같다.

① 공간별 수목의 기능적, 생태적, 심미적 측면은 물론이고, 수목의 생태적 특성 및 수목간의 생태적 연관성에 대한 이해를 바탕으로 시공해야 한다.
② 시공대상 지역의 토양 및 기후 등의 자연적 조건과 기존 식생, 각종 지하매설물과 구조물, 토양의 오염상황 등을 포함한 식재여건에 대하여 면밀히 조사하고, 부적기 식재에 대한 대비책을 수립한다.
③ 사업계획 구역 내의 자생수목은 정밀조사 후 활용계획을 수립하고 지반조성공사 시행 전에 이식 · 보존하여 활용토록 해야 한다.
④ 환경생태적으로 건전하고 지속가능한 개발을 유도하기 위하여 조경공사의 주재료인 수목은 주변

자연환경과 조화될 수 있어야 하며, 자연식생의 활용 및 보존대책을 적극적으로 수립하여 조성된 녹지공간이 친환경적 공간이 되도록 해야 한다.

⑤ 필요한 경우 조경공간은 독립된 생태계로서의 기능과 역할을 갖출 수 있도록 하며, 생태계 네트워크의 요소가 될 수 있도록 한다.

1.2 사전검사

수급인은 이 공사와 관련된 다음 사항의 확인 · 검사에 대한 담당원의 지시를 이행해야 한다.

1.2.1 식물재료

가. 식물재료는 현장 반입 전 재배지에서의 사전검사와 지정장소 반입 후 검사로 구분하여 시행하며 수종, 품질 및 규격 등은 현장도착 즉시 철저히 시행하여 합격 여부를 판정한다.

나. 사전검사에 합격해도 굴취, 운반 포장 등의 취급이 나쁘거나 굴취 후 장기간이 경과한 것은 지정장소 검사에서 합격품으로 인정하지 않는다.

다. 식물재료는 수종 및 성상에 따라 철저히 검사한다. 담당원이 지엽 등의 제거를 지시할 경우에는 제거 전의 규격을 확인할 수 있도록 사진 등으로 촬영하여 제출해야 한다.

1.2.2 표토채취장

표토채취장은 채취 전에 담당원의 검사를 받고 승인 받아야 한다.

1.3 운반, 저장 및 취급

1.3.1 비료, 농약 등

무게, 구성성분, 생산자 등이 명기된 방수포장상태로 운반해야 하며, 약제의 취급 및 보관 요령에 대한 주의사항을 숙지하고 준수하도록 한다.

1.3.2 식물재료

가. 충격으로 뿌리분의 파손, 흙털림, 세근절단 등이 발생하지 않도록 조치해야 한다.

나. 식물재료는 식재 직전에 현장으로 운반해야 하며 식재될 때까지 양호한 상태를 유지해야 한다.

다. 반입하여 당일 식재하지 못한 경우에는 잎, 뿌리 등의 건조방지를 위하여 강한 바람이 없고 햇볕이 차단되며, 배수가 양호하고 약간 습한 장소에 보관해야 한다.

1.3.3 표 토

가적치 기간 중 방재와 배수대책을 강구하고 피복하여 저장한다. 가적치의 두께는 3m를 초과할 수 없다.

1.4 측 정

토사는 다짐상태의 수량으로서, 설계도서에 표시된 단위체적으로 산정한다.

1.5 공사종료

표토, 객토의 준비로부터 식재, 지주목 설치, 관수 및 뒷정리가 끝난 상태에서 담당원의 승인을 받았을 때를 공사의 종료로 인정한다. 단, 계약조건에 일정기간의 유지관리가 포함되었을 경우에는 계약된 유지관리기간이 종료되는 때로 한다.

2. 자 재

2.1 토양관련 재료

2.1.1 표 토

가. 표토는 양질의 현장발생 표토 또는 반입표토를 사용하되 토양시험 결과 부적합 토양으로 판정된 경우에는 적정 수준으로 개량하여 사용한다.

나. 표토의 기준은 O층과 A층의 사질양토(pH 5.6~7.4, 유기물함량 2% 이상)로서 400mm까지의 깊이를 표준으로 하되 현장여건에 따라 담당원과 협의하여 조정할 수 있다.

다. 표토는 설계도서에 지정된 장소에서 채취 및 수집해야 하며, 채취장소가 명시되지 않아 수급인이 선정하는 경우에는 사전에 담당원의 승인을 받아야 한다.

2.1.2 식재하부용토

가. 식재하부용토는 배수가 양호한 양질의 현장 발생토 또는 반입토사를 사용한다.
나. 식재하부용토는 점토덩어리, 쓰레기, 기타 유해물질을 포함하지 않아야 하며, 따로 지정하지 않은 경우의 품질기준은 75 ㎛ 통과량 25 % 이하, 자갈의 최대치수 50mm 이하인 사질양토로 한다.

2.1.3 인공토양

식물생육에 필요한 필수 영양분과 미량의 요소들을 고르게 함유하고, 흙 또는 기타 불순물이 혼합되지 않은 것으로서 토성기준은 설계도서 또는 공사시방서에 따른다.

2.1.4 토양개량제

가. 흙, 잡초종자 또는 기타 불순물이 혼합되지 않아야 한다.
나. 모래는 중사(0.25~0.5mm)성분이 80% 이상인 강모래이어야 한다.
다. 이탄토는 건조시켜 잘게 부수어 2mm(No.10) 체거름에 90% 이상, 0.15mm(No.100) 체거름에 50% 이상 통과될 수 있어야 한다.
라. 피트모스는 나무뿌리, 돌 등과 같은 이물질이 섞이지 않은 것으로서 건물 중 대비 85% 이상의 유기물질을 함유하고 토양산도(pH) 4.0~5.0의 기준을 충족해야 하며, 포장으로 인하여 뭉쳐진 상태의 것은 잘게 부수어 사용한다.
마. 부숙톱밥은 완전하게 부숙되어야 하며, 유해물질이 혼합되지 않아야 한다.
바. 펄라이트, 버미큘라이트, 제오라이트 등의 광물성 토양개량제는 입도가 균일하고 쉽게 부스러지지 않아야 한다.
사. 원예용 석회재료는 토양산도를 중화하는 칼슘과 마그네슘 혼합물의 석회질 비료로 한다.

2.2 수목재료

2.2.1 종 류

설계도서에 명시된 품종으로 한다.

2.2.2 품 질

가. 식재 예정지역과 유사한 기후조건에서 재배, 성장한 것이어야 한다.
나. 농장에서 활착이 용이하도록 미리 이식 또는 완전한 단근작업과 뿌리돌림을 실시하여

세근이 발달한 재배품이어야 한다.

다. 지정된 규격에 합당한 것으로서 발육이 양호하고 지엽이 치밀하며, 수종별로 고유의 수형을 유지해야 한다.

라. 병충해의 피해나 손상이 없고 건전한 생육상태를 유지해야 한다. 다만, 병충해의 감염 정도가 미미하고 심각한 확산의 우려가 없는 경우에는 적절한 구제조치를 전제로 채택할 수 있다.

2.2.3 규 격

가. 조형수목의 흉고 또는 근원직경 등이 지정 규격 이상인 경우는 담당원의 승인하에 수고 및 수관폭을 지정규격 이내로 할 수 있다.

나. 가로수용 수목은 지하고가 1.8m 이상의 범위의 것으로서, 수고가 균일(최대편차 : 1 m) 해야 한다.

다. 규격의 허용차는 -5~10% 이내로 한다. 단, 허용차에도 불구하고 규격 미달의 수목이 각 수종별, 규격별 총수량의 20%를 초과할 수 없다.

라. 특수 수형과 용기(컨테이너) 재배품의 규격기준은 설계도서를 따른다.

| 해 설 |

1. 수목재료 측정을 위한 기준은 다음과 같으며, 지엽 등을 제거하는 경우에는 제거 전의 규격을 확인할 수 있도록 사진 등으로 촬영하여 제출한다.

(1) 검사는 재배지에서의 사전검사와 지정장소 반입 후 검사로 구분하여 시행한다. 사전검사에 합격해도 굴취, 운반 등의 취급이 나쁘거나 굴취 후 장기간이 경과한 것은 지정장소 검사에서 합격품으로 인정하지 아니한다. 다만 경우에 따라서는 재배지에서의 사전검사를 생략할 수 있으며, 야생수목은 굴취시에 검사하여 사전검사로 대신할 수 있다.

(2) 수고(H)는 지표에서 수목 정상부까지의 수직거리를 말하며 도장지는 제외한다. 단, 소철, 야자류 등 열대 · 아열대 수목은 줄기의 수직 높이를 수고로 한다(단위 : m).

(3) 흉고직경(B)은 지표면으로부터 1.2m 높이의 수간 직경을 말한다. 단, 둘 이상으로 줄기가 갈라진 수목의 경우는 다음과 같다.(단위 : ㎝).

(가) 각 수간의 흉고직경 합은 70%가 그 수목의 최대 흉고직경보다 클 때는 흉고직경 합의 70%를 흉고직경으로 한다.

(나) 각 수간의 흉고직경의 합은 70%가 그 수목의 최대 흉고직경보다 작을 때는 최대 흉고직경을 그 수목의 흉고직경으로 한다.

(4) 근원직경(R)은 수목이 굴취되기 전 재배지의 지표면과 접하는 줄기의 직경을 말한다. 가슴높이 이하에서 줄기가 여러 갈래로 갈라지는 성질이 있는 수목인 경우 흉고직경 대신 근원직경으로 표시한다(단위 : ㎝).

(5) 수관폭(W)은 수관의 직경을 말하며 타원형 수관은 최대층의 수관축을 중심으로 한 최단과 최장의 폭을 합하여 나눈 것을 수관폭으로 한다(단위 : m).

(6) 수관길이(L)는 수관의 최대길이를 말한다. 특히, 수관이 수평으로 생장하는 특성을 가진 수목이나 조형된 수관일 경우 수관길이를 적용한다(단위 : m).

(7) 지하고는 지표면에서 역지 끝을 형성하는 최하단 지조까지의 수직거리를 말하며 능수형은 최하단의 지조 대신 역지의 분지된 부위를 채택한다.

2. 수목규격의 명칭과 표시방법은 다음과 같다.

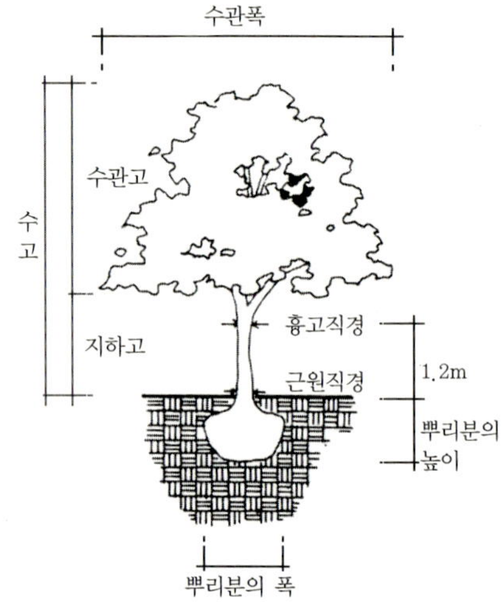

수목규격의 명칭

(1) 교목류의 규격표시

(가) 「수고(m)×흉고직경(㎝)」으로 표시하며, 필요에 따라 수관폭, 수관의 길이, 지하고, 뿌리분의 크기, 근원직경 등을 지정할 수 있다. 근원직경으로 규격이 표시된 수목은 수종의 특성에 따른 「흉고직경-근원직경」 관계식을 구하여 산출하되, 특별히 관련성이 구해지지 않은 경우 R=1.2B의 식으로 흉고직경을 환산, 적용할 수 있다.

(나) 곧은 줄기가 있는 수목으로서 흉고부의 크기를 측정할 수 있는 수목은 「수고H(m)×흉고직경B(㎝)」 또는 「수고H(m)×수관폭W(m)×흉고직경B(㎝)」으로 표시한다.

(다) 줄기가 흉고부 아래에서 갈라지거나 다른 이유로 흉고부의 크기를 측정할 수 없는 수목은 「수고H(m)×근원직경R(㎝)」 또는 「수고H(m)×수관폭W(m)×근원직경R(㎝)」으로 표시한다.

(라) 상록수로서 가지가 줄기의 아랫부분부터 자라는 수목은 「수고H(m)×수관폭W(m)」으로 표시한다.

(2) 관목류의 규격 표시

(가) 「수고H(m)×수관폭W(m)」으로 표시하며, 필요에 따라 뿌리분의 크기, 지하고, 가지수(주립수), 수관길이 등을 지정할 수 있다.

(나) 일반적인 관목류로서 수고와 수관폭을 정상적으로 측정할 수 있는 수목은 「수고H(m)×수관폭W(m)」으로 표시한다.

(다) 수관의 한쪽 길이 방향으로 성장이 발달하는 수목은 「수고H(m)×수관폭W(m)×수관길이L(m)」로 표시한다.

(라) 줄기의 수가 적고 도장지가 발달하여 수관폭의 측정이 곤란하고 가지수가 중요한 수목은 「수고

H(m)×수관폭W(m)×가지수(지)」로 표시한다.

(마) 수고H(m)

(바) ○년생×가지수(지)

(3) 만경류의 규격 표시

(가) 「수고H(m)×근원직경R(㎝)」으로 표시하며, 필요에 따라 「흉고직경B(㎝)」을 지정할 수 있다.

(나) 그밖에 「수관길이 L(m)×근원직경 R(m)」, 「수관길이 L(m)」 또는 「수관길이 L(m)×○년생」 등으로 표시한다.

(4) 묘목의 규격 표시

「수간길이(幹長)」와 묘령으로 표시하며, 필요에 따라 「근원직경」을 적용할 수 있다.

2.2.4 수종 및 규격의 변경

식재수목의 수종 또는 규격의 변경은 수급인이 관련 증빙자료를 첨부, 서면으로 요구하여 담당원의 승인을 받지 않는 한 허용되지 않는다.

2.3 잔디재료

2.3.1 뗏장

가. 잡초가 없고 건강하며 품질이 균일해야 하고, 뗏장이 견실하여 운반과정에서 발생하는 유실이 5% 이내이어야 한다.

나. 일반뗏장은 재배잔디로서 규격은 공사시방서에 규정이 없는 한 가로 300mm, 세로 300mm, 두께 30mm의 것을 기준으로 한다.

다. 롤형 잔디는 잔디수확기로 떼어내어 롤형태로 말은 잔디로 규격은 1㎡ 이상의 것을 사용한다.

라. 현장에 도착된 뗏장은 1일 이내에 식재하는 것을 원칙으로 한다.

2.3.2 포복경 및 지하경

가. 뗏장에서 흙을 털어내어 용도에 맞게 절단하여 사용한다.

나. 포복경과 지하경의 제조를 위한 잔디의 초장은 25~30mm 이상, 50mm 이하로 한다.

다. 마르거나 신선도가 떨어지지 않은 것이어야 한다.

2.3.3 잔디씨

가. 파종용 잔디종자는 담당원의 승인을 받아 구매하고, 혼합잔디의 혼합비는 설계도서에 따르거나 승인된 배합비율로 해야 한다.
나. 국내 자생종 Zoysia계통과 Poa의 잔디종자는 2년 이내에 채취된 것으로 발아촉진처리 된 것이어야 하며 발아율 60 % 이상, 순량률 98 % 이상이어야 한다.
다. 도입잔디는 발아율 80 % 이상, 순량률 98 % 이상이어야 한다. 혼합종자를 사용할 경우에는 자재조달계획서를 제출할 때 원산지증명과 품질보증서를 첨부해야 한다.

2.4 지피 및 초화류

2.4.1 규 격

종자는 중량단위의 수량과 순량률 및 발아율로, 초화류의 규격은 분얼, 포기 등으로 표시한다.

2.4.2 품 질

가. 종자, 구근 등은 신선하고 병충해가 없으며, 잡초종자가 혼합되지 않고 발아율이 양호한 것이어야 한다.
나. 모종은 지정된 규격에 고유의 성상을 유지하고 줄기, 잎, 꽃눈의 발달이 양호하며, 병충해 및 상해가 없고 근계가 충실히 보호되어 식재 후 건전한 생육을 유지할 수 있는 것이어야 한다.

2.5 농약, 비료 및 생장조절제 등

2.5.1 품 질

가. 농림부의 제조공정과 농림부 장관의 등록을 받은 것이어야 한다.
나. 각각의 품질에 적합하고 상품명, 종류(성분소), 용량이 명시된 용기에 밀봉된 것으로서 변질되지 않고 유효기간 내의 것이어야 한다.

2.5.2 유기질비료

가. 퇴비, 부엽토, 부숙왕겨, 부숙톱밥 등의 부산물비료로서 유해물, 기타 다른 물질이 혼입되지 않으며, 충분히 건조하고 완전 부숙된 것으로서 건물 중 대비 유기물 함량이 25% 이상인 것이어야 한다.

나. 골분은 가공되지 않은 것으로서 곱게 분쇄되고, 최소 3%의 질소성분과 20%의 인산성분이 함유된 것이어야 한다.

다. 퇴비는 계분, 돈분 및 우분에 왕겨 또는 짚을 섞어 완전 부숙 · 건조시킨 것으로 덩어리가 지지 않는 것이어야 한다.

2.5.3 화학비료

질소, 인산, 칼리 등의 성분이 함유된 복합비료나 질소, 인산, 칼리 등의 각각 단독 성분을 지닌 것이어야 한다.

2.5.4 수목 생장조절제

가. 발근촉진제 : 루톤, IBA, 홀멕스콘 등

나. 증산억제제 : 크라우드 커버, 그리너, 윌트푸르트 등

2.5.5 상처유합제

절단부의 상처 바르기는 석회유황합제, 검은 아스팔트 부패방지 도료 또는 보르도액과 아마인유 및 흑색안료를 혼합한 검은 도료로 칠한다.

2.5.6 부패부 수간처리제

살충제, 살균제, 방부제, 방수제, 동공충전제, 인공수피 등의 부패부 수간처리제는 제조업자의 지침에 따르며, 수목생장에 지장이 없어야 한다.

2.6 피복재

2.6.1 폴리에틸렌 필름

두께 0.03mm인 것을 기준으로 한다.

2.6.2 볏짚, 왕겨, 수목의 대팻밥 등

썩지 않고 잘 건조된 것으로 잡초종자나 식물생육에 해로운 물질이 섞이지 않은 것이어야 한다.

2.6.3 천연섬유망

황마, 코코넛 열매섬유 등으로 짠 것으로 구김이 없으며, 가장자리의 풀림이 없는 것이어야 한다.

2.6.4 기 타

가. 차광막의 차광률은 일정해야 한다.
나. 부직포는 내구성이 있고 균일한 두께를 가지고 있어야 한다.
다. 바크는 염도가 낮고 충분히 건조한 것으로서 바람에 날리지 않을 정도의 크기를 가지고 있어야 한다.

2.7 부속재료

2.7.1 지주재

가. 버팀대
뿌리돌림 및 굴취를 할 때 사용하는 버팀대는 직경 100mm 이상의 원형강관을 사용한다.

나. 지주대
설계도서에 지정된 박피통나무, 각목, 대나무 또는 특별히 고안된 재료로서, 내구성이 강한 것이나 방부처리(탄화, 도료, 약물주입)되어야 하며 설치 후 유동하지 않도록 끝부분이 잘 마무리되어야 한다.

다. 당김줄
1) 당김줄은 12게이지의 당금질한 아연도금 강선으로 한다.
2) 당김줄 중간에 부착하는 턴버클은 아연도금 또는 카드뮴판금 강으로 한다.

라. 말뚝용 통나무
마구리를 가공하고 절단면과 측면을 고루 잘 다듬어 사용한다.

2.7.2 뿌리덮개

지표수의 침투가 원활하도록 창살무늬 형태로 제작된 공장주물 혹은 철판가공의 부식방지 처리된 제품으로서, 설계규격에 부합하고 보행자나 자동차로부터 쉽게 손상되지 않는 것이어야 한다.

2.7.3 수간보호재

가. 수간감기의 재료는 새끼, 황마끈, 황마제 테이프, 마직포 또는 고무밴드로 한다.
나. 황마끈은 황마로 만든 직경 6mm의 천연섬유 노끈을 사용한다.
다. 고무밴드는 폐튜브를 폭 30mm가 되도록 6등분한 것이나 시판용 고무밴드를 사용한다.

2.7.4 기 타

가. 완충재는 결속부위에 삽입 · 설치하여 수목의 줄기나 가지를 보호할 수 있는 것으로서 새끼, 고무조각 등을 사용한다.
나. 결속재료는 결속 후 쉽게 풀리지 않는 것으로서 잘 짜여진 녹화 끈, 새끼줄 등을 사용한다.
다. 관수용 물은 오염되거나 식물생육에 유해한 물질이 섞여 있지 않은 것이어야 한다.
라. 유공 콘크리트관은 KS F 4409(원심력 유공 철근 콘크리트관)에 적합한 제품이어야 한다.
마. 유공 염화비닐(PVC)관은 KS M 3404(일반용 경질 염화비닐관)에 적합한 제품이어야 한다.
바. 기타 유공관은 투수구멍의 연면적이 표면연면적의 20% 이상이어야 하며, 토사의 유입 방지를 위하여 투수구멍을 일부 막은 제품을 사용할 때는 막힌 부분이 위로 향하도록 해야 한다.

3. 시 공

3.1 식재지반 조성

3.1.1 최소생육심도

특별히 정하지 않은 경우, 식재 종에 따라 식재하부용 토층+식재용 (표토)토층으로 구성된 표 20040.1의 최소생육심도 이상을 확보해야 한다.

표 20040.1 식재식물 유형별 최소생육 토양심도

구 분	최소생육 토양심도
잔디와 초본류	300mm
소관목	450mm
대관목	600mm
천근성 교목	900mm
심근성 교목	1,500mm

3.1.2 준 비

벽돌이나 모르타르 등의 건축잔재가 방치되어 있거나, 지나친 다짐 지역, 그리고 배수가 불량한 지역이 없는지를 확인해야 한다.

3.1.3 표토깔기 및 정지

가. 표토 복원의 두께는 설계도서로 정한다.

나. 하층토와 복원표토와의 조화를 위하여 최소 200mm 이상의 깊이로 지반을 경운한 후 그 위에 포설해야 한다.

다. 표토의 다짐은 수목의 생육에 지장이 없는 정도로 시행해야 한다.

라. 강우시 또는 강우 직후에는 대형장비에 의한 표토깔기를 금하며, 불가피한 대형장비 사용으로 성토면이 필요 이상으로 다져진 경우에는 식재공사 전에 성토깊이 이상으로 경운해야 한다.

3.1.4 토양 개량

가. 토양분석의 결과에 따라 토양 개량을 위한 첨가제(토양개량제, 유기질비료, 화학비료 등)의 소요량을 개량대상 토양의 면적, 부피 또는 무게단위로 산출한다.

나. 대상지역 전체에 첨가제를 고루 펴고, 토심 300mm의 깊이로 경운하여 흙덩이를 잘게 부수며 혼합한다.

다. 일반토양 또는 천연골재 이외에 설계도서에 명시된 인공경량골재나 기타 토양개량제를 지정된 배합비율로 혼합하여 식재기반을 조성하며, 별도의 명시가 없는 경우 잔토 중에서 수목생육에 적합한 토양 7 : 토양개량제 3의 비율로 혼합하여 사용한다.

라. 소량의 객토용 흙은 설계도서에 지시한 대로 유기물질(부식, 부엽, 이탄토 등)을 첨가하거나 특수 배양토를 조성하여 사용한다.

3.1.5 마운딩

가. 마운딩은 200~300mm 두께로 다짐하여 지정된 흙쌓기 높이와 양이 되도록 하며, 상부와 언저리는 둥글게 처리하고, 평균경사 30% 이하의 완만한 구릉을 이루어 자연스런 형상이 되도록 한다.
나. 건축물 주변의 부토 또는 마운딩처리를 할 때에는 토공에 의한 표면수의 흐름을 고려하여 우수가 건물 지하로 역류하지 않도록 유의하여 시공해야 한다.

3.1.6 정지작업 및 식재면 고르기

식재지역을 토심 300mm의 깊이로 경운하여 흙덩이를 잘게 부순 후, 토심 100mm 이내에 있는 ϕ20~30mm 이상 크기의 돌, 쓰레기, 잡초 등 불순물을 제거하고, 식재면에 물이 고이지 않게 잘 고른다.

3.1.7 화단 조성

가. 객토는 일반적인 객토용 양토의 사용을 원칙으로 한다.
나. 설계도서에 따라 지피, 유기질 토양(부식, 부엽, 이탄토 등)을 첨가해야 한다.
다. 특별히 명시하지 않은 경우에는 1㎡당 2kg의 유기질비료를 시용한다.
라. 시비한 뒤 파종지를 깊이 200mm 이상 되게 갈아엎고 자갈이나 돌 또는 기타 식물생장에 유해한 물질을 제거해야 한다.

3.2 배 수

3.2.1 표면배수

가. 녹지 표면은 배수가 용이하도록 일정한 기울기를 유지해야 하며, 표면배수가 계획된 집수시설에 흘러들어 가도록 처리해야 한다.
나. 식재지역 쪽으로 역기울기가 되어서는 안 되며, 식재지역에 타 지역의 우수가 유입되지 않도록 해야 한다.
다. 필요한 경우 잔디밭 등에 배수로를 설치한다.

3.2.2 심토층 배수

지하수위가 높은 곳이나 불량지반 및 인공지반 등에는 이 시방서 배수공사의 해당 규정에 따라 심토층 배수시설을 설치하고, 평탄한 지역 중에서도 지하수위가 높은 곳은 완화배수 시설을 설치해야 한다.

3.3 특수지반

3.3.1 불량지반 개선

쓰레기 매립지, 논 매립지, 임해 매립지, 파쇄암 성토 및 암지반, 자갈 섞인 지반 등의 불량지반은 각 지반별 특성을 고려한 설계도서에 따라 시공해야 한다.

| 해 설 |

쓰레기매립지의 경우 매립층 바닥면 중앙부는 주변지역보다 3~4° 정도 높은 기울기로 조성하여 침출수가 일정지역에 고이는 것을 방지해야 하며, 공사시행중 다량의 침출수가 발생하는 경우에는 담당원과 협의하여 우수침투 방지대책을 수립한 후 공사를 시행토록 해야 한다. 한편, 악취가 심하게 발생할 경우에는 최종복토를 3m 이상으로 하여 악취성분의 유출이 최소화되도록 조치해야 하며, 포집된 가스를 대기확산희석방법으로 처리할 경우에는 메탄가스(CH_4)농도가 안전사고 및 주변 수목에 문제가 없도록 시행해야 한다. 침하를 고려한 여성토의 높이는 설계서에서 따로 정한 경우를 제외하고는 소요높이의 20%를 기준으로 하며, 모관수의 공급차단이 예상되는 경우에는 매립 최종선으로부터 2.5m 이상의 높이로 성토함을 원칙으로 한다.

임해매립지의 지하수위 조정은 수목의 뿌리분으로부터 지하 1.3~1.5m 범위 내에서 관련시설을 설치함을 원칙으로 하고, 강한 바람이 부는 곳은 토양수분의 증발을 억제할 수 있는 방풍망 등의 조치를 취해야 한다.

제염제를 사용할 경우 토양의 조건, 작업환경, 작업방법 등을 종합적으로 고려해야 하고, 석고를 사용하여 제염하는 경우에는 석고의 응결방지를 위하여 일정량을 수차례로 나누어 살포해야 하며, 제염을 위한 세척수는 제염대상지 토양을 포화시킨 후 토양을 투과하여 씻어낼 수 있는 충분한 양으로 실시해야 한다.

파쇄암 및 암반지역 등 성토가 불가능한 지역은 식재구덩이마다 최소 1.5m 이상의 깊이를 사질양토로 환토하여 성토하되 원지반의 여건에 따라 배수시설을 설치해야 하며, 성토된 암의 공극으로 인하여 토사유실이 예상되는 지역은 유실방지를 위한 조치를 취한 후 성토해야 한다.

한편, 지하수위가 높거나 배수가 불량한 기반으로서 성토가 가능한 지역은 불투수층 생성을 방지하기 위하여 배수시설을 설치한 후 매립 성토하되 원지반과 성토토양 사이에 교란이 발생되지 않도록 한다.

3.3.2 인공지반 조성

가. 공사착수 전에 기(旣) 조성된 플랜트 박스 내부의 굴곡과 요철상태를 정리하고, 이물질을 완전히 제거하여 배수구의 막힘을 방지해야 한다.

나. 식재층 바닥은 설계도서에 명시된 배수판이나 천연 또는 인공골재 깔기로 하며, 그 위

에 지반용 섬유를 깔아 토양유실이나 배수기능의 저하를 방지해야 한다.

다. 인력관수의 경우 급수전을 설치하고, 자동관수설비를 갖출 경우 이 시방서 관수공사의 해당 규정을 따른다.

라. 화분재배의 경우에는 인공적으로 생산되는 특수토양 등으로 배양토를 조성하여 사용한다.

마. 방수

1) 수직면의 방수층은 반드시 토양 표면보다 높은 곳까지 설치되도록 한다.

2) 각종 관 부설 또는 시설물공사 등으로 인하여 방수막이 파손되지 않도록 유의한다.

3) 콘크리트의 팽창 및 수축으로 인한 방수막의 훼손에 대비하여 예방조치를 취해야 한다.

바. 배수

1) 넓은 면적의 식재지에는 배수층을 형성하고, 유공관을 병행하여 설치하며, 배수점검구를 두도록 한다.

2) 바닥면은 설계도서에 명시된 기울기를 유지해야 한다.

3) 배수층 및 배수판은 상재하중과 답압에 견딜 수 있는 구조이어야 한다.

4) 배수층 및 배수판의 구멍으로 토양이 유실될 우려가 있는 경우를 제외하고는 배수판과 토양 사이에는 토양의 유실을 방지하는 부직포 등을 포설하여서는 안 된다.

사. 토양이 식재식물을 지지할 수 있도록 다짐 최적함수비 상태에서 충분히 다진다.

아. 식물의 뿌리가 바닥면으로 침입할 우려가 있는 곳은 이를 방지할 수 있는 조치를 취한다.

자. 인공토양이 바람에 흩날리지 않도록 피복재를 사용해야 한다.

| 해 설 |

인공토양의 식재 토심은 배수층의 두께를 제외한 다음의 기준치 이상 두께를 원칙으로 하고, 일반토양 또는 천연골재의 사용으로 인공지반에 구조적 결함이 발생할 우려가 있는 경우에는 경량재를 혼합하여 사용하거나 인공토양을 사용할 수 있으며, 인공토양은 시공시 분진발생 및 비산을 억제하기 위하여 일정량의 수분을 함유하고 있어야 하는데, 필요시 살수와 피복시설 등을 해야 한다.

종류	인공토양 심도(㎝)
잔디, 초본류	10 이상
소관목	20 이상
대관목	30 이상
교 목	60 이상

한편, 인공토양 기반에 식재하는 수고 1.2m 이상의 수목은 바람의 피해를 고려하여 지지시설을 해야 한다.

3.4 수목의 굴취, 운반

3.4.1 뿌리돌림

가. 뿌리돌림은 수종 및 이식시기를 충분히 고려하여 일부의 큰 뿌리는 절단하지 않도록 하며, 적절한 폭으로 형성층까지 둥글게 다듬어야 한다.

나. 뿌리돌림시 수종의 특성에 따라 가지치기, 적엽 등을 하고 필요한 경우에 가지주를 설치한다.

3.4.2 굴 취

가. 수목 굴취시에는 해당 수목을 확인한 후 수고 4.5m 이상의 수목은 담당원과 협의하여 가지주를 부착하고 가지치기, 기타 양생을 하여 작업에 착수해야 한다.

나. 뿌리분의 크기와 형태는 설계도서 또는 공사시방서에 명시한 바를 따르며, 분의 깊이는 세근의 밀도가 현저히 감소된 부위로 한다.

다. 설계도서에 별도의 지시가 없음에도 표준규격을 벗어나거나 분을 만들 필요가 없다고 판단되는 경우에는 담당원과 협의하여 승인 받아야 한다.

라. 기계 굴취의 경우에는 기계에 의해 굴취 수목이 손상되지 않도록 주의해야 한다.

마. 뿌리분 외부로 돌출된 굵은 뿌리는 약간 길게 톱질하여 자르고 절단면은 거적 등으로 충분히 양생하며, 밀생한 세근은 이를 뿌리분에 붙여 보존해야 한다. 절단된 뿌리부분이 손상된 경우에는 손상부위를 예리하게 절단하고 방부처리 한다.

바. 뿌리분은 분이 부서지지 않도록 결속재료로 잘 고정시켜 뜨도록 한다.

사. 지엽이 지나치게 무성한 수목은 굴취시 수형의 기본형이 변형되지 않는 범위 내에서 지엽을 정지하고, 필요한 경우 증산억제제 등의 약품을 처리한다.

아. 운반에 지장을 받지 않도록 무리가 가지 않는 범위 내에서 가지를 새끼, 밧줄 등으로 잡아맨다.

| 해 설 |

수목 굴취시 수고 4.5m 이상의 수목은 담당원과 협의하여 가지주를 설치하고 가지치기, 기타 양생을 하여 작업에 착수해야 하고, 표준적인 수목 뿌리분의 크기는 근원직경의 4배(그림의 A)를 기준으로 하며, 분의 깊이는 세근의 밀도가 현저히 감소된 부위로 한다. 일반적으로 뿌리분의 형태는 다음 그림에 따른다.

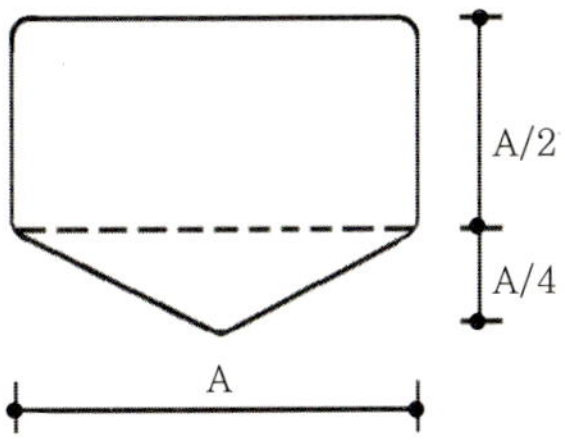

보통분(일반 수종)

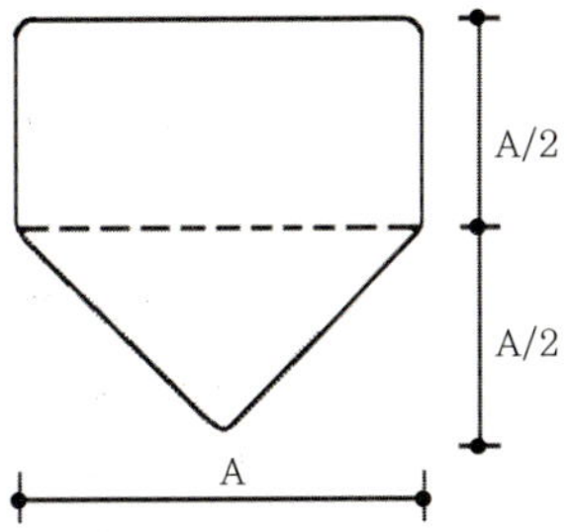

조개분(심근성 수종)

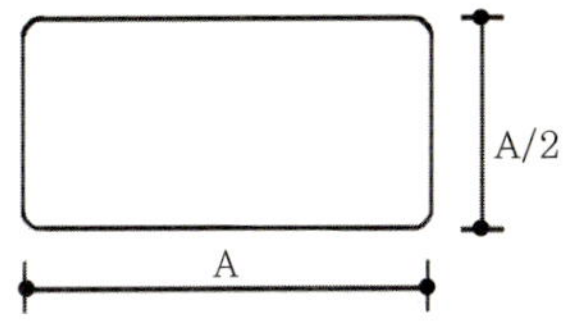

접시분(천근성 수종)

3.4.3 굴취 후 정리

굴취구덩이는 굴취 후 즉시 산토로 메워 지형과 일치되도록 정리해야 한다. 땅 다지기와 높이, 방법에 대해서는 담당원의 지시에 따른다.

3.4.4 운 반

가. 운반을 위한 수목의 상하차는 인력에 의하거나 대형목의 경우에는 체인블록이나 크레인 등 중기를 사용하여 안전하게 다룬다.

나. 운반 중의 보호조치

1) 뿌리분의 보토를 철저히 한다.
2) 잔뿌리가 절단되지 않도록 충격을 주지 않아야 한다.
3) 가지는 간편하게 결박한다.
4) 차량의 용량과 수목의 무게 및 부피에 따라 적정 수량만을 적재하며 이중적재를 금한다.
5) 비포장도로로 운반할 때는 뿌리분이 충격을 받지 않도록 흙, 가마니, 짚 등의 완충재료를 깐다.
6) 수목과 접촉하는 고형부에는 완충재를 삽입한다.
7) 수송 도중 바람에 의한 증산을 억제하며, 강우로 인한 뿌리분의 토양유실을 방지하기 위한 조치를 취한다.

다. 운반 중 회복 불능한 손상을 입거나 가지가 부러져 원형이 심하게 손상된 수목은 동종동품으로 보상하고, 경미한 가지 부러짐 등에 대해서는 담당원의 지시에 따라 조치해야 한다.

3.5 수목 가식

가. 반입수목 또는 이식수목의 당일 식재가 불가능한 경우에 적용한다.
나. 공사시방서에 정하는 바가 없을 때의 가식장소는 사질양토로서 배수가 잘되는 곳으로 해야 하며 배수가 불량할 때에는 배수시설을 해야 한다.
다. 가식수목은 원활한 통풍을 위하여 충분한 식재간격을 확보해야 한다.
라. 가식수목의 뿌리분은 충분히 복토하여 분이 공기 중에 노출되지 않도록 조치해야 한다.
마. 가식 후에는 뿌리분 주변의 공기가 완전히 방출되도록 충분히 관수해야 한다.
바. 가식장의 외주부 수목은 가지주 혹은 연식지주를 설치하여 수목이 바람 등에 흔들리지 않도록 해야 한다.
사. 하절기에는 담당원의 지시에 따라 수목증산억제제 살포, 전정 등의 조치를 취하고, 동절기에는 동해방지를 위해 거적, 짚 등을 이용하여 보온조치해야 한다.

3.6 수목식재

3.6.1 식재위치

가. 식재위치는 설계도서상의 지정위치로 하며, 반드시 실측에 의해 설계위치를 확인해야 한다.
나. 현장의 지형, 지반, 토양상태 등 부득이한 사유로 설계위치에의 식재가 불가능한 경우 또는 식재목적을 위하여 식재위치를 약간 조정하는 것이 바람직하다고 판단되는 경우에는 담당원의 승인을 받아 조정할 수 있다.
다. 다수 수목의 위치변동 또는 위치의 대폭적인 변동이 필요한 경우에는 사유서 및 증빙서류를 첨부 · 제출하여 담당원의 승인을 받아야 한다.
라. 식재위치의 조정은 반드시 식재 전에 검토 · 시행해야 하며, 이미 식재한 수목을 옮겨 심지 않아야 한다.

3.6.2 식재구덩이

가. 식재구덩이는 식재 당일에 파되 수목반입 즉시 식재될 수 있도록 미리 작업을 시행하도록 한다. 다만, 부득이한 경우 사전에 굴착할 수 있으며 이때는 담당원과 충분히 협의하여 안전대책을 수립해야 한다.
나. 식재구덩이의 크기는 나비를 최소한 분 크기의 1.5배 이상으로 하고 깊이는 분의 깊이(높이)와 구덩이 바닥에 깔게 되는 흙, 퇴비 등의 높이를 고려하여 적절한 깊이를 확보해야 한다.
다. 식재구덩이는 구덩이에 급수하여 투수성을 점검한다. 투수성이 불량한 경우에는 담당원과 협의하여 위치를 조정하거나 이 시방서 배수공사의 해당 규정에 따라 배수처리 해야 한다.

라. 식재구덩이를 팔 때는 표토와 심토는 따로 갈라놓아 표토를 활용할 수 있도록 조치해야 한다.

마. 기계와 인력의 병행 굴착에는 기존 공작물 및 매설물에 손상을 주지 않도록 특히 주의하여 시공한다.

바. 굴착에 의해 발생된 토사 중 객토 또는 물집에 사용하는 토사는 생육에 지장을 주는 토질을 제거하여 사용해야 한다.

사. 대형목 등 특수목 식재를 위한 구덩이의 굴착방법은 공사시방서에 따른다.

3.6.3 객 토

가. 식재지의 토질이 수목생육에 부적합한 경우의 채움흙은 전량 객토해야 한다. 채움흙의 토질은 배수성과 통기성이 좋은 사질양토를 표준으로 한다.

나. 혼합토 사용시의 혼합재료 선정 비율은 공사시방서에 따른다.

3.6.4 식 재

가. 뿌리를 다듬고 주간을 정돈하여 식재구덩이의 중심에 수직으로 식재해야 한다.

나. 원래의 식재높이와 방향을 유지시키되 경관, 기능 등의 이유로 조정이 필요한 경우에는 담당원과 협의 · 조정해야 한다.

다. 물조임시 침하를 고려하여 약간 높여 식재하도록 한다.

라. 유기질 비료를 식재구덩이 바닥에 넣어 수목을 앉히며, 흙을 채울 때에도 유기질 비료를 혼합하여 넣는다. 식재 후에는 화학비료를 시비하며, 시비량은 토양조사 결과에 따라 결정하거나 설계도서에 정한 바를 따른다.

마. 활착보조재의 사용은 제품별 용법에 따른다.

바. 흙넣기 및 다짐은 수목의 생리적 특성에 따라 물다짐 또는 마른다짐으로 하며, 뿌리분 주위에 공극이 발생되지 않도록 면밀히 실시해야 한다.

사. 분해되지 않는 뿌리분 결속재료는 식재 전에 완전히 제거하는 것을 원칙으로 한다. 단, 이들의 제거로 뿌리분 등에 심각한 손상이 예상되는 경우에는 담당원과 상의하여 최소량을 존치시킬 수 있으나, 이때에도 잔여 재료가 지표면에 노출되지 않도록 깨끗하게 정리해야 한다.

아. 식재 후에는 근원부를 중심으로 수관폭의 1/3 정도 크기에 100~150mm 정도 높이의 원형 물받이를 설치하여 관수시 물이 흘러내리지 않도록 하고, 물집이 손상되지 않도록 주의하여 충분히 관수해야 한다.

| 해 설 |

수목의 굴취, 운반, 식재는 같은 날에 완료하는 것을 원칙으로 하되, 부득이한 경우에는 담당원의 승인을 받아 가식 또는 보양조치 후 식재한다. 수목의 뿌리분을 식재구덩이에 넣어 방향을 정하고 원지반의 높이와 분의 높이가 일치하도록 조절하여 나무를 앉혀 잘게 부순 양토질 흙을 뿌리분 높이의 1/2정도 넣은 후 수형을 살펴 수목의 방향을 재조정하고, 다시 흙을 식재구덩이 깊이의 3/4 정도까지 추가해 넣은 후 잘 정돈시킨다. 수목 앉히기가 끝나면 물조임의 경우 물을 식재구덩이에 충분히 붓고 각목이나 삽으로 저어 흙이 뿌리분에 완전히 밀착되고 흙속의 기포가 제거되도록 하며, 흙조임의 경우 흙이 습할 경우 뿌리가 쉽게 썩는 수종에 한하여 행하되 흙을 계속 넣어가며 각목 등으로 다져 뿌리분과 흙이 밀착되도록 치밀하게 식재해야 한다.

3.6.5 가로수 식재

가. 가로수의 식재 마감면은 보도 연석면보다 30mm 이하로 끝마무리해야 한다.
나. 가로수는 수고 및 지하고를 일정하게 맞추어 식재한다.
다. 분의 상단부위까지 흙이 쌓이지 않도록 하고, 불필요한 잔토 및 잔재는 보행에 지장을 초래하지 않도록 신속히 처리해야 한다.

| 해 설 |

가로수는 교통장애가 없는 범위 내에서 일정한 선형을 유지해야 하고, 구간별 수형 및 수고, 지하고가 유사한 수목을 반입하여 시공해야 하며, 도로의 길어깨, 도로의 곡선구간 중 내측 지역, 수려한 자연경관을 차단하는 구간, 신호등 등과 같은 도로안전시설의 시계를 차단하는 지역, 장거리 이동을 주 기능으로 하는 교외지역 일반국도의 도로구역과 그 주변 지역, 교차로의 교통섬 내부, 농작물 피해 우려지역, 전기·통신시설물의 지하매설 또는 이설이 불가능할 경우 등은 담당원과 협의한 후 가로수의 식재위치를 변경하거나 식재수량을 제한하여 시공할 수 있다.

식재지역 상층부 및 하층부에 전기·통신시설 등으로 가로수의 정상적인 생육이 곤란할 경우 담당원과 협의하여 유지 및 관리방안을 수립해야 하며, 경관미를 저해하지 않는 범위 내에서 가지치기 등으로 수고, 수관폭을 조절하여 시공할 수 있고, 가로수 식재기반이 불투수층, 쓰레기 매립지 등 불량토층을 형성할 경우 배수시설을 도입하거나 객토 등의 방법으로 수목의 하자를 방지토록 하되, 식혈 작업시 굴취된 부적합 토양과 모래 등은 전량 반출하고 양질의 토사를 반입하여 식재해야 한다.

수목보호대 및 보호덮개의 설치상태와 지주목 설치의 적합성 등을 검토하고, 관수·배수시설 및 관리시설의 하자 및 손·망실처리에 대한 책임한계를 담당원과 협의해야 하며, 가을철 식재공사를 시행할 경우에는 동해를 고려하여 수간을 녹화마대 등으로 감싸는 등의 보양조치를 해야 한다.

보도가 없는 도로에 가로수를 식재하는 경우에는 길어깨 끝으로부터 수평거리 2m 이상 떨어지도록 하여 식재해야 하되, 현지여건상 불가능할 경우에는 가지치기 등을 통해 수고, 지하고, 수관폭 등 지속적인 관리방안을 수립하여 담당원의 승인하에 1~2m 범위에 식재할 수 있다.

식재 후 보행과 운전, 자전거의 이용 등에 지장을 주는 가로수의 지하고 이하 가지 및 하향지 등은 설계도면 또는 공사시방서에서 제시한 지정 높이 이상으로 제거해야 하고, 식재공사 완료 후 각종 공사로 인한 가로수의 훼손, 제설제 등 화학약품에 의한 약해, 차량 등으로부터의 물리적 피해 등은 담당원과 협의하여 하자 및 손·망실처리에 대한 책임한계를 설정하고 훼손자에게 원상복구하도록 조치해야 한다.

3.7 식재 후 처리

3.7.1 지주, 수목보호대 및 뿌리덮개 설치

가. 식재완료 후 즉시 지주 및 수목보호대를 설치하여 수목이 흔들리거나 전도되지 않도록 한다. 지주목은 반입 수목의 실제 규격에 의거하여 설치하고 정산한다.
나. 지주목은 필요에 따라 이각, 삼각, 버팀형 지주 등을 설치하도록 하고, 지주의 경사각은 70°를 기준으로 한다.
다. 지주 및 수목보호대는 깊이 매설하여 흔들림이 없어야 하고 매설깊이는 300mm 이상이어야 한다. 지반침하가 우려되는 경우에는 침하 후 유동하지 않도록 조치해야 한다.
라. 지주 및 수목보호대와 수목을 결박하는 부위에는 수간에 완충재를 대어 수목의 손상을 방지해야 한다.
마. 가로수의 경우 매입깊이를 일치시켜 체결높이가 일정하게 되도록 해야 한다.
바. 뿌리덮개는 수평을 유지하고 포장면과 어긋나지 않도록 주의하여 설치해야 한다.

3.7.2 정지전정

가. 식재 후에는 정지 및 전정의 원칙에 따라 모양을 잡는다.
나. 가로수는 보차도의 통행 및 전망에 지장이 없도록 가지를 제거한다.
다. 생울타리, 관목을 열식한 경우에는 담당원의 지시에 따라 사진을 촬영하여 형상과 규격을 확인한 후 설계도서에 지정된 높이로 전정해야 한다.
라. 굵은 가지를 제거한 경우에는 유합제를 도포해야 한다.

3.7.3 양생 및 약제처리

가. 정지 및 전정이 끝나면 증산억제제를 처리하며 사용방법은 제조업자의 사용지침에 따른다.
나. 토양의 수분증발을 억제하고 지면의 온도를 낮추기 위해 물집위의 지면을 멀칭재료로 피복한다.
다. 햇빛, 병충해 등의 피해가 예상되는 수목은 견고하게 수간감기를 하여 피해를 예방해야 한다.
라. 식재수목에서 병충해가 발견되는 경우에는 약제를 뿌려 구제하고 확산을 방지한다.

마. 식재 후 10일 간격으로 관수와 동시에 발근촉진제를 처리하며, 활착상태를 감안하여 조절한다.

바. 수목이 활착할 때까지 충분히 수분을 공급하되 일출, 일몰시에 관수하는 것을 원칙으로 한다.

3.8 잔디식재

3.8.1 잔디붙이기

가. 잔디를 붙이기 전에 토양개량과 정지작업이 이루어진 지면을 롤러나 인력으로 다진다.

나. 전면붙이기

1) 일반 뗏장은 전체 지면에 틈새 없이 붙이거나 10~20mm 간격으로 서로 어긋나게 붙인 후 모래나 사질토를 살포하고 다시 롤러나 인력으로 다진 후 충분히 관수한다.
2) 롤형 뗏장은 전체 지면에 틈새 없이 붙이고 모래나 사질토를 가볍게 살포한 후 롤러로 다지고 충분히 관수한다.

다. 줄떼붙이기

설계도서 또는 공사시방서에 지정한 크기(50, 100, 150, 200mm)와 간격(150, 200, 300mm)으로 잔디장을 잘라 뿌리가 흙 속에 묻히도록 표토를 파가면서 붙여 심는다.

라. 어긋나게 붙이기

뗏장을 200~300mm 간격으로 어긋나게 놓거나 서로 맞물려 여유 있게 배열하여 호미 또는 괭이로 잔디뿌리가 흙 속에 묻히도록 표토를 파가면서 붙인다.

마. 풀어심기

1) 뗏장에서 풀어낸 포복경을 50mm 정도로 절단한 것을 토양개량제 등에 혼합하여 산파한다.
2) 50~100mm 정도의 간격을 띠우고 골을 파서 붙이고 모래나 사질토를 살포하여 잔디뿌리가 흙 속에 묻히도록 하고 가볍게 다져야 한다.
3) 줄기가 쓸려나가지 않도록 피복하고 충분히 관수해야 한다.
4) 잔디가 완전히 활착되면 멀칭 피복물을 벗겨내어야 한다.

바. 잔디고정

1) 30% 이상의 경사면에 잔디를 붙일 때에는 뗏장에 떼꽂이를 꽂아서 잔디가 움직이지 않도록 고정해야 한다.
2) 뗏장 1장당 2매 이상의 떼꽂이를 꽂는다.

사. 뒷정리
식재완료 후 남은 뗏장 및 돌, 기타 부스러기, 쓰레기 등을 제거하고 정리한다.

3.8.2 파종시기

난지형 잔디는 5월~6월 초순, 한지형 잔디는 9~10월 또는 3~5월을 파종적기로 하되 잔디품종의 특성을 고려하며, 공기 및 현장여건에 따라 담당원과 협의하여 결정한다.

3.8.3 파종지 준비

가. 잡초의 발생이 우려되는 곳은 대상지 전면에 제초제를 살포하고 일정기간 경과해야 한다.
나. 파종지는 인력 또는 경운기로 깊이 200mm 이상 부드럽게 간다.
다. 비료를 뿌리고 흙을 곱게 부수고 고른 후 롤러로 가볍게 다진다.

3.8.4 파 종

가. 파종량의 반을 모래와 섞어 종으로 파종하고 나머지 반을 모래와 섞어 횡으로 파종한다.
나. 파종 후 롤러로 가볍게 눌러서 종자가 흙 속에 박히도록 한다.
다. 파종지가 충분히 젖도록 관수하되 흙이 흘러내리지 않을 정도로 물을 뿌려야 한다.
라. 발아를 위한 적절한 수분과 토양온도 유지를 위해 폴리에틸렌 필름(두께 0.03mm)이나 볏짚, 황마천, 차광막 등으로 피복하고 바람에 날리지 않도록 고정한다.
마. 시드 벨트로 파종할 때에는 정지된 지면에 종자가 닿도록 벨트를 깔고 충분히 관수한 다음 1mm 정도의 고운 흙을 복토하고 다시 관수한 후 폴리에틸렌 필름을 덮어 준다.

| 해 설 |

잔디식재 단위 면적당 파종량 기준은 다음 표에 의한다.

잔디의 종류	㎡당 파종량(g)	잔디의 종류	㎡당 파종량(g)
들잔디	10 ~ 15	톨 훼스큐	35 ~ 45
크리핑 벤트그래스	2.5 ~ 5	크리핑 레드 훼스큐	17.5 ~ 22.5
켄터키 블루그래스	5 ~ 7.5	퍼레니얼 라이그래스	35 ~ 45

3.8.5 파종 후 관리

가. 종자가 발아하면 상태를 주시하여 웃자라거나 고온장애를 받을 우려가 있으면 즉시 폴리에틸렌 필름을 제거해야 한다.

나. 파종지가 건조할 경우에는 전면에 살수하되 표면이 마르지 않게 해야 한다.
다. 발아 후 2개월 경과시부터 시비를 하되 한국잔디의 경우 질소, 인산, 가리를 각각 연간 20g/㎡, 10g/㎡, 20g㎡의 비율로 생육기간 중 2~3개월 간격으로 시비한다. 기타 잔디 시비는 유지관리계획에 따라 담당원과 협의하여 정한다.
라. 파종 후 20일 이내에 발아되지 않거나 전면에 고루 발아되지 않고 일부만 발아하는 경우에는 처음과 동일한 공법으로 재파종해야 한다.

3.9 지피, 초화류 식재

3.9.1 기본사항

가. 식재지역에 여러 종류의 지피류, 초화류를 혼식하는 경우에는 설계도서에 명시한 각 초종별 식재위치와 소요수량을 준수해야 한다.
나. 재료에 따른 다양한 생육 및 재배조건을 충족시켜야 한다.

3.9.2 식 재

가. 바닥을 부드럽게 파서 고른 후 충분히 관수한다.
나. 뿌리가 상하지 않도록 주의하면서 재배용토가 뿌리 사이에 빈틈없이 채워지도록 심고 충분히 관수한다.
다. 가는 대나무류 및 지피류 식재간격은 설계도서에 지정되지 않은 경우 150mm(44주/㎡)를 표준으로 한다.
라. 지피류 및 초화류를 뗏장 또는 기타의 방법으로 식재하는 경우에는 제조업자의 시공지침을 따른다.
마. 덩굴성 식물은 식재 후 주요 장소를 대나무 또는 지정재료로 고정한다.
바. 종자의 파종은 각 재료별 파종방법에 따라 화단 전면에 걸쳐 균일하게 파종한다. 파종 일시에 대해서는 담당원과 합의하여 기후를 충분히 고려하고 파종 직후에 강우에 의해 종자가 유출되지 않도록 조치해야 한다.
사. 시공 후 기후에 주의하고 담당원의 지시에 따라 지나치게 건조하지 않도록 양생 및 관리하여 발아를 촉진시킨다.
아. 특수한 식물의 식재와 파종에 대해서는 각 식물별 재식 및 파종방법 또는 공사시방서를 따른다.

3.10 벽면녹화

3.10.1 기본사항

가. 열악한 식재지 환경에 적응이 가능하고 유지관리가 용이하며, 특히 뿌리의 발달이 충실한 수종이어야 한다.
나. 능소화의 꽃은 인체에 유해하므로 사람의 손이 직접 닿지 않는 위치와 높이로 한다.
다. 격자형 등반보조시설은 어린이들의 놀이에 이용되지 않도록 안전성에 유의해야 한다.
라. 벽면녹화의 대상공간 시공시 건축, 토목공사 등 관련 공종 담당원과 협의해야 한다.

3.10.2 시공

가. 식재지의 공간이 협소하고 수목의 생육기반이 불량한 경우 사질양토로 객토하고, 필요할 경우 토양개량제를 사용하여 시공해야 한다.
나. 등반보조시설은 녹화하는 목적 등을 고려하여 당김줄형과 격자형으로 구분하여 사용하고 필요시 복합적으로 설치한다.
다. 당김줄형 등반보조시설은 벽면 상하에 앵커로 고정시킨 후 와이어로프를 수직 연결하고 턴버클로 조정하여 설치해야 한다.
라. 격자형 등반보조시설은 벽면에 일정 간격으로 결합구를 박아 고정시킨 후 와이어로프 등을 연결하여 설치해야 한다.

3.11 비탈면 녹화

3.11.1 비탈면 잔디식재

가. 잔디생육에 적합한 토양의 비탈면경사가 1 : 1 보다 완만할 때에는 비탈면을 일시에 녹화하기 위해서 흙이 붙어 있는 재배된 잔디를 사용하여 붙인다.
나. 비탈면 전면(평떼)붙이기는 줄눈을 틈새 없이 붙이고 십자줄이 형성되지 않도록 어긋나게 붙이며, 잔디 소요면적은 비탈면면적과 동일하게 적용한다.
다. 비탈면 줄떼다지기는 잔디폭이 100mm 이상이 되도록 하고, 비탈면에 100mm 이내 간격으로 수평골을 파서 수평으로 심고 다짐을 철저히 한다.
라. 선떼붙이기는 비탈면에 일정 높이마다 수평으로 단끊기 후 되메우기한 앞면에 떼를 세워 붙이되, 흙층에 완전히 밀착되도록 달구판으로 다지기를 잘하고 줄눈이 수평이 되도록 시공하며, 침하율을 감안하여 계획높이보다 덧쌓기를 하고, 부위별 떼의 규격은 설계도서 및 감독자의 지시에 따라 정한다.
마. 잔디고정은 떼꽂이를 사용하여 잔디 1매당 2개 이상 견실하게 고정하며, 시공 후에는

모래나 흙으로 잔디붙임면을 얇게 덮은 후 달구판으로 고루 두들겨 다져준다.

바. 잔디판붙이기는 비탈면의 침식방지 및 활착이 용이하도록 잔디판을 비탈면에 밀착 · 고정한다.

3.11.2 비탈면 수목식재

가. 비탈면의 안정적이고 생태적인 녹화를 조기에 달성하기 위하여 비탈면에 수목을 도입하여 식재 · 시공한다.

나. 새집붙이기

1) 암석을 채굴하고 깎아낸 요철이 많은 암반 비탈면에 점적 녹화를 목적으로 시공한다.
2) 수목생육에 충분한 깊이로 표토나 생육기반재를 채운다.

다. 차폐수벽

1) 식생의 도입이 불가능한 암반 비탈면 및 채석장 등은 수목으로 차폐한다.
2) 비탈면 하단부나 소단, 옹벽 등에 생육기반을 조성한 후에 2~3열로 식재한다.

라. 덩굴식재

1) 일반식생의 도입이 불가능한 암절개지나 채석장 등은 덩굴식물로 차폐 혹은 녹화한다.
2) 비탈면의 상단부, 소단부, 하단부에 생육기반을 조성 · 식재하여 상향식 및 하향식 녹화가 동시에 이루어질 수 있도록 한다.

마. 식생상(식생분)

1) 암석을 채굴하여 요철이 많은 비탈면에 점적녹화 및 부분녹화로 경관 향상을 도모한다.
2) 식생상은 비탈면의 경관을 고려하여 고르게 설치한다.
3) 비탈면의 적소에 설치하며 단단히 고정한다.
4) 식생상 안의 식물은 주변 임상과 조화되도록 생태적으로 적절히 배합하여 식재한다.

3.11.3 종자 뿜어붙이기

가. 급경사지에 종자를 기계적으로 뿜어붙여 일시적으로 조기에 녹화될 수 있도록 시공한다.

나. 시공시기는 동절기(11~2월)를 제외하고 연중 시행 가능하나 보통 3~6월, 8~10월에 시행한다.

다. 종자착지가 어려운 부분은 감독자의 지시에 따라 적정 간격으로 수평 또는 경사지게 골을 파고 시공한다.

라. 종자가 비탈면 한쪽에 치우치지 않도록 종자살포기 탱크 안의 종자를 잘 섞어서 균일

하게 분사한다.

마. 파종 후 침식이 우려될 때에는 비닐 등 피복재를 전면에 덮도록 하여 바람에 날리지 않도록 잘 고정한다.

바. 파종 2개월 이내에 골고루 발아가 되지 않거나 일부만 발아되었을 때에는 재파종한다. 단, 10월 이후 시공할 때에는 익년 6월 초순 이전에 재파종을 결정한다.

3.11.4 식생혈(종자혈)

가. 비탈면에 일정한 간격으로 구멍을 파고 식생을 도입하여 녹화되도록 시공한다.

나. 구멍의 밑바닥에 완숙된 퇴비나 복합비료를 넣어야 하고, 그 위에 생육기반재를 충전하며 구멍의 상부에 종자를 넣고 복토한다.

다. 식혈지는 선정된 수목의 생육에 적합한 깊이를 확보해야 한다.

3.11.5 식생판(식생반, 종자판)

가. 생육기반재를 판상으로 만들어 표면에 종자를 붙여 놓고 비탈면의 수평구 속에 깔아 붙여 일시에 녹화되도록 시공한다.

나. 식생판을 지반에 고정하기 위하여 떼꽂이 2개 이상을 사용하고, 필요시 새끼 등을 띄워 고정한다.

다. 비탈면의 상부부터 순차적으로 하향하여 수평구에 배열한다.

라. 식생판 부착시 지반과 틈이 생기지 않도록 생육기반재를 채워서 밀착시킨다.

3.11.6 식생대(종자대)

가. 띠 모양의 일정규격 식생대에 종자와 비료 등을 부착시켜 비탈면에 일정한 간격으로 설치하여 녹화되도록 시공한다.

나. 식생기지가 지표면보다 약간 나오도록 하고 종자가 표면의 내측에 위치하도록 놓는다.

3.11.7 식생자루(종자자루)

가. 생육기반 및 종자를 자루에 담아 비탈면에 판 수평구 속에 넣어 붙여 일시적으로 녹화되도록 시공한다.

나. 자루를 넣을 구멍은 규정된 깊이로 파고 얕아서 자루가 떠오르지 않도록 하며, 틈 사이는 흙으로 채우고 자루 밑에 고형비료를 시비한다.

다. 자루의 고정을 위해 경질제, 염화비닐 U철선(길이 250mm) 등의 떼꽂이, 혹은 맹아력,

발근력이 좋은 목본류의 가지로 된 떼꽂이를 1자루에 1~2본을 사용한다.

3.11.8 식생매트(종자매트)

가. 면상의 매트에 종자를 붙여 비탈면에 포설, 부착하여 일시적인 조기녹화를 도모하도록 시공한다.

나. 비탈면을 평평하게 끝손질한 후 떼꽂이 등을 꽂아 주어 떠오르거나 바람에 날리지 않도록 밀착한다.

다. 비탈면 상부 200mm 이상을 흙으로 덮고 단부를 흙 속에 묻어 넣어 비탈면 어깨로부터 물의 침투를 방지한다.

라. 긴 매트류로 시공할 때에는 비탈면의 위에서 아래로 길게 세로로 깔고, 흙쌓기 비탈면을 다지고 붙일 때에는 수평으로 깔며, 양단을 50mm 이상 중첩한다.

3.11.9 식생기반재 뿜어붙이기(종비토 뿜어붙이기)

가. 식물의 자연생육이 곤란한 비탈면에 일정한 품질로 제조된 생육기반재에 종자를 섞어 조기에 경관적인 녹화와 생태적 복원 및 보전을 도모하도록 시공한다.

나. 비탈면이 특히 건조하거나 이물질이 붙어 있을 때에는 살수를 시행한 후 시공한다.

다. 토질암에 의한 분사붙이기를 할 때에는 설계도서에 의해 시공 전 재료배합관리실험을 반드시 실시한다.

라. 암반비탈면을 시공할 때에는 전면 피복녹화를 지양하고 균열과 요철에 따른 자연스런 부분녹화를 시행하여 주변 식생과 조화를 이룰 수 있도록 한다.

마. 암의 균열간격이 클수록 시공두께를 두껍게 조절한다.

바. 암의 돌출부 및 수직, 역경사 비탈면은 녹화시공을 지양하고 움푹 파인 곳을 집중적으로 시공한다.

사. 시공 후 검사는 500m² 당 1개소 이상의 측정구를 설치하여 조사하며, 측정이 곤란할 경우에는 시공 투입량으로 대신할 수 있다.

아. 생육판정은 피복률과 성립본수로 하되 피복률은 경사도 및 종자배합에 따라 조정해야 하며, 55° 이상은 60% 이상, 45~55°는 80 % 이상, 45° 미만은 100 %로 하고, 목본류를 배합할 때에는 각 기준에 70%를 적용한다. 또한, 성립본수는 초본류만 배합할 때에는 300본/m² 이상으로 하며, 목본류를 배합할 때에는 초본류와 목본류의 합계가 200본/m² 이상으로 한다.

자. 생육 판정시기는 시공 후 90일 후를 기준으로 하는 것을 원칙으로 하되 목본종 위주로 녹화한 경우 잠재발아를 고려하여 기준의 70 %를 적용하여 판단하고, 10월 이후에 시공할 때에는 익년 6~7월 초순으로 한다.

3.12 유지관리

3.12.1 관수 및 엽수

가. 혹서기에는 매일 관수 및 잎 세척을 위한 엽수를 3~4회/일 실시한다.
나. 전문적인 관리인이 토양의 보습상태를 점검하여 필요시 추가 관수한다.

3.12.2 정지전정

가. 식물류별(상록/낙엽, 교목/관목/초화류 등)과 크기(대/중/소)를 기준으로 구분하여 관리한다.
나. 교목과 관목은 연 2회 이상 수세와 수형을 가늠하여 정지 · 전정하며 형태를 유지시킨다.
다. 교목류 중 일부 필요한 수종은 기본전정과 적심 및 잎따기를 병행한다.
라. 초화류는 잎따기를 실시하여 항상 건강한 잎을 유지시킨다.
마. 정지 및 전정의 부산물은 즉시 수거하여 처리해야 한다.

3.12.3 수간보호

포장지역에 식재한 독립교목은 태양열 및 인적피해로부터의 보호와 미관을 고려하여 지표로부터 1.6m 높이까지의 수간에 새끼 등 수간보호재 감기를 실시한다.

3.12.4 월동보호

가. 겨울의 추위나 건조한 강풍에 피해가 예상되는 수목은 11월 중에 지표로부터 1.5m 높이까지의 수간에 모양을 내어 짚싸기를 실시해야 한다.
나. 강풍에 의한 피해가 예상되는 관목 식재지역에는 방풍벽을 설치해야 한다.
다. 관목류에는 월동보호약제를 시기, 용량, 수종을 고려하여 처리해야 한다.

3.12.5 병충해 구제

가. 연 2회 이상 예방을 위한 약제를 살포하며, 병충해 발생시에는 초기에 대처해야 한다.
나. 주변 연계녹지로부터의 전염을 각별히 관찰하고 예방해야 한다.

3.12.6 시비 및 약제 살포

가. 농도, 사용시기, 사용량, 사용방법 등 사용기준을 반드시 준수하며, 사용 후에 발생하

는 포장재 및 용기는 안전하게 폐기해야 한다.
나. 독성이 강한 농약류는 별도의 농약보관소에 보관한다.
다. 수목의 시비는 토성을 개선할 수 있는 완숙된 상토를 사용하며 연 2회로 분할하여 기비와 추비로 시용한다.

3.12.7 고사목의 처리

가. 고사목의 발생위치와 상태를 점검하여 원인을 규명하고 사후대책을 수립해야 한다.
나. 고사의 우려가 있는 대형수목은 하자기간 종료 후에도 책임 있게 관리해야 한다.

| 해 설 |

수목이 가지 끝에서 말라 죽어 줄기만 남았거나 수관의 2/3 이상이 고사하는 경우 고사목으로 간주한다. 고사목은 즉시 제거하고 계절적 조건이 허용하는 대로 식재 당시의 수목규격과 동일한 규격으로 교체해야 한다.

3.12.8 숙근초화류

맥문동 등의 숙근초화류는 공해 및 갑작스러운 직사광 노출, 공중습도 결핍 등에 의한 생육장애가 발생하지 않도록 조치해야 한다.

20045 | 조경석공사

1. 일반사항

1.1 제출물

수급인은 다음의 자료 등을 담당원에게 제출해야 한다. 특별히 명시하지 않은 경우의 제출 시기는 해당공사 착공 전으로 한다.

1.1.1 인·허가 자료

조경석을 반입할 때에는 원소재지에서의 반출허가증명서 사본을 제출한다.

1.1.2 제품관련 자료

가. 자연석 및 가공조경석은 현장 반입 전에 사진 또는 견본품을 제출하여 담당원의 승인을 받아야 한다.
나. 감독이 지정하는 특수한 용도의 조경석은 해당 조경석의 사진을 제출한다.
다. 현장반입 후 시공하기 전에 수량, 품질 및 공인계량소의 계량증명서를 제출해야 한다.

1.1.3 시험자료

물과 접하는 곳에 설치되는 조경석은 물 속에 24시간 침적시킨 후의 함수량과 물속에서 5시간 끓인 후의 함수량을 조사하고, 성과표를 제출해야 한다.

1.1.4 시공도

담당원이 지시하는 경우, 조경석쌓기 또는 놓기의 시공도를 제출해야 한다.

| 해 설 |

이 시방서는 자연석(산석, 강석, 해석 등)이나 무늬조경석, 또는 가공된 파쇄암, 디딤돌, 징검돌 및 계단돌, 자갈 그리고 돌틈식생을 이용하여 경관을 조성하는 조경석공사 일반에 적용한다.

석재는 다양한 색조와 광택 및 외관이 장중하고 치밀하며 불연성(不燃性)이며 압축강도가 크고 내구성 · 내수성 · 내화학성이 풍부하며 마모성이 적고 압축강도가 매우 높아 예로부터 골재, 구조재, 마감재 등으로 널리 사용되고 있다.

그러나 다른 재료에 비해 무겁고 운반 · 가공이 어려울 뿐 아니라 고가이며, 인장강도가 약하고, 화열을 받으면 균열을 일으키거나 파괴된다. 석회암, 대리석과 같이 분해되어 강도를 상실하는 단점 때문에 여러 대체 재료가 개발되었으나 석재 자체의 천연성과 영원성, 즉 자연스러운 느낌과 변질되지 않는 영구적인 재료로서의 이점 때문에 고품질을 요하는 조경시설에서 주택지, 정원, 담장, 지당, 옹벽 등에 다양하게 사용되고 있다.

조경석은 무단채취가 금지되어 있고 개발지역이나 수몰지구 등에서 제한적으로 채집되기 때문에 대량의 소재조달이 어려워 근래에는 천연석과 흡사한 시멘트제품의 일종인 인조석(모조석)이나 가공석이 많이 유통되기도 한다. 실제로 시공에 이용되는 석재가 중량물임을 고려하면 적합한 용도일 경우 가급적 그 지방이나 가까운 곳에서 생산되는 재료가 활용되고 있고, 석재명도 산지명에 따라 다양하게 호칭되어지고 있다.

1.2 사전검사

수급인은 이 공사와 관련된 다음 사항의 확인 및 검사에 대한 담당원의 지시를 이행해야 한다.

1.3 운반, 저장 및 취급

가. 조경석을 운반할 때에는 표면이 손상되지 않도록 충분히 유의한다.

나. 착생식물이 부착된 자연석의 운반에는 이중 적재를 금하고 접촉부위에 완충재를 삽입해야 하며, 현장에 반입 후에는 착생식물이 고사하지 않도록 수분을 관리해야 한다.

1.4 시공 허용차

가. 조경석의 침하 : 30mm 이내

나. 조경석의 위치변동 : 부재 최대치수의 5 % 이내

2. 자 재

2.1 기본요건

가. 조경석은 설계도서에 근거하여 크기 및 형상을 엄선해야 한다.
나. 암석의 종류 및 산지에 따른 고유의 특성을 지녀야 하며, 부적당한 색깔이나 갈라짐, 깨어짐이 없어야 한다.
다. 물과 접하게 되는 조경석은 동파의 위험이 없는 것으로서, 물속에서 5시간 끓인 후의 함수량이 17% 이하, 포화도가 0.78 이하이어야 한다. 부득이 흡수율이 높은 자연석을 쓰게 될 경우에는 물과 접하는 곳을 방수처리해야 한다.

2.2 종 류

2.2.1 산석

자연풍화로 표면이 마모되어 있거나 착생식물(이끼 등)이 끼어 있는 것을 사용한다.

2.2.2 하천석(강석)

가. 물에 의해 표면이 마모된 것으로서 모서리가 예리하지 않은 것이어야 한다.
나. 단위중량 2.65 ton/㎥를 기준으로 하며, 경관효과를 감안하여 크기를 조정할 수 있다.

2.2.3 해석

바닷물에 의해 돌의 표면이 마모되고 모서리가 예리하지 않은 것이어야 한다. 조개류의 껍질이 부착되어 있는 경우에는 담당원의 승인을 얻어 사용여부를 결정한다.

2.2.4 가공조경석(무늬조경석)

가. 형태와 질감이 자연석과 유사하고 모서리가 예리하지 않은 것이어야 한다.
나. 무늬조경석은 단위중량 2.65 ton/㎥를 기준으로 하며, 경관효과를 감안하여 그 크기를 조정할 수 있다.

2.2.5 파쇄암

가. 풍화로 인해 변색 및 변질되지 않는 보통암 이상의 내구성과 강도를 지닌 양질의 것으

로서 균열이나 흠집, 얇은 석편 등이 없는 것이어야 한다.
나. 표면에 노출될 부위는 쌓기 전에 미리 면다듬기를 하여 사용해야 한다.

2.2.6 디딤돌, 징검돌 및 계단돌

가. 보행에 불편을 주지 않을 정도로 윗면이 편평하고, 미끄럽지 않으며, 물고임의 우려가 없는 형상의 것으로서 내구성과 강도를 지닌 것이어야 한다.
나. 디딤돌과 징검돌의 답면 크기는 한 발 딛기용 30mm 내외, 두발 딛기용은 50~60mm 정도이어야 한다.
다. 계단돌은 윗면이 평평한 자연석, 판석 등을 사용하며 재질, 크기, 모양 등은 설계도서 및 공사시방서에 따른다.

2.2.7 경관용 깔기 자갈

입자의 크기가 고르고 이질재나 불순물을 포함하지 않은 것으로 한다.

2.3 돌틈식생

관목류, 초화류 등 돌틈식생의 품질은 이 시방서 식재공사의 식물재료 기준에 준한다.

3. 시 공

3.1 경관석놓기

가. 경관석의 배분 및 배치는 암석의 종류, 형상, 색깔 등 조경석 고유의 특징을 살리고 주변과 조화되도록 한다.
나. 조경석 하나하나의 크기, 형태, 색깔 등을 사방에서 관찰하여 가설치하고 위치, 방향, 깊이 등을 검토한 후 담당원의 승인을 받아 본 설치를 한다.
다. 조경석을 앉힐 때에는 돌의 뿌리에 해당하는 부분만큼을 땅속에 심고 돌받침, 돌굄, 콘크리트 뒤채움 등으로 보강한 후 주위 흙을 빈틈없이 밀어 넣으며 다져 흔들리지 않도록 해야 한다.

| 해 설 |

경관석은 조직이 단단하고 치밀한 경질의 돌로서 표면의 질감, 색채, 광택, 무늬 등이 우수하여 관상적 가치가 있어야 한다. 경관석의 선정은 단독 또는 무리지어 배석하는 조경석의 크기, 외형 및 종류를 설치위치 및 주변여건에 조화되도록 하고 특수용도의 조경석은 미리 선정해서 적재적소에 활용할 수 있어야 한다. 무리지어 배석하는 경우 중심석과 보조석의 2석조가 기본형이며, 특별한 경우를 제외하고는 3석조, 5석조, 7석조 등 기수로 조합하는 것을 원칙으로 한다.

가. 세워서 쓰는 입석은 전후좌우 어디에서나 관상할 수 있어야 한다.

나. 가로로 쓰이는 횡석은 불안감을 주는 돌을 받쳐서 안정감을 가지게 한다.

다. 윗부분이 평평한 평석은 안정감을 가지게 하며, 주로 앞부분에 배석하고 화분을 올려놓기도 한다.

라. 둥글둥글한 환석은 축석에는 바람직하지 못한 돌이나 무리로 배석하여 복합적인 경관이 형성될 수 있어야 한다.

마. 각이 진 각석은 삼각, 사각 등으로 다양하게 이용되며, 사실적 경관미를 표현하는 배석이 되어야 한다.

바. 비스듬히 세워서 이용되는 사석은 해안절벽과 같은 풍경을 묘사할 때 적용한다.

사. 소가 누워있는 것과 같은 와석은 횡석보다 더욱 안정감을 주어야 하며, 뒷부분 돌의 조합의 연결부분을 가려주기도 하여 균형미를 살릴 수 있도록 배석해야 한다.

아. 흔히 볼 수 없는 특이하게 생긴 모양의 심미적 가치가 있는 괴석은 개체미가 뛰어나야 한다.

3.2 조경석쌓기

가. 단위공사에 필요한 조경석이 모두 반입된 후에 쌓기를 시작하는 것을 원칙으로 한다.

나. 안정도를 높이기 위해 기초가 되는 밑돌을 아랫부분에 묻고, 그 위에 큰 돌에서 작은 돌의 순서로 쌓는다. 가장 아랫부분에 놓이는 조경석은 높이의 1/3 이상이 지표선 아래에 있어야 한다.

다. 사전에 지반을 조사하여 연약지반은 말뚝박기 등으로 지반을 보강하고, 필요한 경우 콘크리트나 잡석 등으로 기초를 보완하는 등 하중에 의한 침하를 방지해야 한다.

라. 조경석 하나하나의 크기, 형태, 색깔 등을 사방에서 관찰하여 가설치를 하고 담당원의 승인을 받아 본 설치를 한다.

마. 아래 윗단이 서로 엇갈리게 쌓되 골쌓기가 되지 않도록 하고, 인접한 돌이 서로 맞물려 흔들림이 없도록 한다. 이때 조경석 사이에 작은 돌을 끼워 넣지 않아야 한다.

바. 가장 자연스런 상태의 면을 전면에 노출시키면서 크고 작은 조경석을 서로 어울리게 배석하고, 시작점과 끝지점 높이는 지반고와 일치시켜야 한다.

사. 1일 시공높이는 1.5m 이내로 한다.

아. 돌틈식재

1) 쌓기와 동시에 시공하는 것을 원칙으로 하며 공사 중 수목의 뿌리가 햇빛에 직접 노출되어 건조하지 않도록 조치해야 한다.

2) 양질의 토사로 틈을 채워 식생의 활착을 돕도록 한다.

| 해 설 |

조경석을 약간 경사진 수직면으로 쌓을 때에는 설계도면 및 공사시방서에 따라 석재면을 경사지게 하거나 약간씩 들여쌓되, 돌을 기초 또는 하부 돌에 안정되게 맞물리고 고임돌과 뒤채움 콘크리트 등을 처넣어 흔들리거나 무너지지 않게 쌓는다. 이때, 상하좌우의 조경석은 크기, 면, 모양새가 서로 잘 어울리고 돌 틈이 크지 않게 하며, 설계도면 및 공사시방서에 명시가 없을 경우 높이가 1.5m 이하일 때에는 메쌓기를 하고 1.5m 이상인 경우와 상시 침수되는 연못, 호수, 수로 등은 찰쌓기로 한다.

세워쌓기의 경우 조경석은 줄지어 세워놓고 뒤채움 돌, 고임돌, 받침돌 또는 콘크리트 등으로 채워 견고하게 설치하고, 좌·우 돌의 겹치기, 띄기 등은 설계도면에 따라 전체가 조화되게 배열한 다음 흙을 필요한 높이까지 채워 다지며, 둘째 단 돌의 밑부분은 하부석의 윗부분 뒤에 약간 걸리게 세워놓고 주위는 흙을 채워 다지며, 다음의 돌은 둘째 단의 돌 뒤에 걸리게 세워놓고 흙을 채우며 지정 높이까지 쌓는다.

3.3 디딤돌 및 징검돌놓기

가. 특별히 명시하지 않은 경우, 크기 300mm 내외의 디딤돌은 상단이 지표면보다 정도 높게 설치하고, 크기 500~600mm의 디딤돌은 상단이 지표면보다 600mm 정도 높게 설치한다.

나. 특별히 명시하지 않은 경우, 징검돌은 상단이 수면보다 150mm 정도 높게 설치한다.

다. 특별히 명시하지 않은 경우, 디딤돌 및 징검돌의 돌과 돌 사이 간격은 80~100mm로 한다.

라. 상단을 수평으로 흔들리지 않게 하고, 돌의 장축이 진행방향에 직각이 되도록 설치한다.

마. 분지되는 지점에는 양방향으로의 진행이 불편하지 않은 형태의 돌을 놓는다.

3.4 계단돌놓기

가. 돌의 윗면은 수평으로 놓고 아래계단부터 위 계단으로 설치한다.

나. 돌의 두께에 맞추어 터파기하고 지반을 다진 후, 거친 면을 발판으로 하여 안정되게 놓는다.

다. 놓은 돌이 흔들리지 않게 굄돌 등을 설치한 다음 주위에서 흙으로 메우고 다진다.

라. 콘크리트 기초 및 사춤 모르타르를 사용해야 하는 경우에는 설계도서 및 공사시방서에 따른다.

3.5 경관용 자갈깔기

가. 배수기울기를 고려하여 바닥을 정지·다짐하고, 그 위에 토사분리용 부직포를 깐다. 이때 토사유입을 차단할 수 있도록 부직포의 선단을 지표면까지 오도록 하며, 자갈깔기를 할 때 부직포가 노출되지 않도록 처리한다.

나. 설계도서에 표시된 마감선을 실을 띄워 표시한 후, 이 선에 맞추어 자갈을 깐다.
다. 마감선이 특별히 표시되어 있지 않을 경우에는 주위의 지표보다 자갈의 평균입자 크기 만큼 높게 마감선을 설정한다.
라. 침하가 생기지 않도록 자갈을 잘 다짐하고 다짐 후의 높이가 마감선에 맞아야 한다.

20050 | 수경시설공사

1. 일반사항

1.1 제출물

수급인은 다음의 자료 등을 담당원에게 제출해야 한다. 특별히 명시하지 않은 경우의 제출 시기는 해당공사 착공 전으로 한다.

1.1.1 현황관련 자료

가. 연결되는 배수로의 위치와 높이를 표시한 자료
나. 급수원의 위치와 분기점의 상태를 나타내는 자료
다. 전기 분전함의 위치와 설치용량을 나타내는 자료

1.1.2 인 · 허가 자료

급수 · 관수 및 배수시설 설치로 도로굴착이 필요한 경우에는 해당 공정 착수 3일 전까지 관리청의 허가서류를 제출한다.

1.1.3 제품관련 자료

가. 방수액 1통, 배관자재 2mm, 수중 등 1개를 견본품으로 제출한다.
나. 담당원의 요구가 있을 때에는 방수관련 제품의 견본품과 현장 시공한 시제품을 제출한다.
다. 물 순환장치의 운전 및 유지관리 지침서

1.1.4 시험 및 분석 자료

가. 높이가 2m를 초과하는 인조암에 대해서는 구조기술사의 승인을 받은 구조계산서
나. 인조암에 대한 재질시험(내연성, 인장강도, 압축강도, 굴곡강도) 성적서
다. 물과 접하는 저수조의 구성재료는 물속에 24시간 침적 후의 함수량과 물속에서 5시간

끓인 후의 함수량을 조사 기록한 성과표
라. 동력장치의 출력기기 효율에 대한 시험성과표
마. 수압시험 실시 기록, 통수시험 실시 기록, 펌프작동시험 성적표

1.1.5 시공도

가. 지수판이 설치되는 모든 이음매의 위치를 나타낸 시공도면
나. 저수조의 개구부, 돌출부, 관통부에서의 방수방법을 명시한 도면

| 해 설 |

수경시설은 공원, 광장, 주거단지, 위락단지, 체육시설단지, 골프장, 대형 건물, 문화재지역 등의 실내 및 외부공간에 물을 이용하여 수경관을 연출하기 위한 제반시설이라 정의할 수 있으며, 살수관개시설은 인공적으로 물을 공급하는 설비로서 조경식물과 기타 수분을 필요로 하는 장소에 원하는 양의 물을 공급하는 제반시설로 정의할 수 있다.

수경시설(水景施設)공사는 자연호소의 정비 및 조성시간이 상당히 경과한 문화재 지역 내의 연못, 저수지와 인공연못의 조성공사, 인공폭포, 도섭지, 인공개울, 샘 및 약수터의 정비에 필요한 설치공사와 일반분수, 조형분수, 프로그램분수, 음악분수 등 분수설치공사를 포괄적으로 포함한다. 또한 외부의 수경공간을 구성하는 시설로서 인공수로 및 개울과 같이 얕은 깊이의 소규모 수조 조성공사, 일반주택 정원 연못조성 등에 적용할 수 있다.

수경시설은 기계설비 및 초기 우수를 이용한 급수 및 배수에 의하여 물을 가두어 이용하는 인공적인 연못과 물의 수직적인 낙차를 이용한 인공폭포와 벽천, 물이 사선방향으로 흐르는 경사를 이용한 캐스케이드, 인공적인 기계설비를 이용하여 물의 수직적인 분사를 이용한 분수, 도섭지와 인공개울, 낚시터, 저수지, 보트장 등의 시설과 물을 주제로 한 유사유형의 시설을 포함한다.

살수관개시설공사는 물의 이용량에 필요한 유효수량을 결정하고 가동시와 정지시의 수위변동에 대처해야 하며, 수원의 수량과 수질을 고려하여 적절한 방법을 사용해야 한다. 이러한 시설은 각 기기의 조합으로 구성된 유기적인 시스템으로 구성되어야 할 뿐만 아니라 각 장치는 효율적으로 조합되어야 한다. 그리고 점검, 수리, 청소 등의 유지관리가 경제적이고 효율적으로 운용될 수 있도록 해야 하고, 누전사고 등의 안전에 대비한 시설설치 및 대책이 강구되어야 한다.

특히 반출불능의 설비나 콘크리트 속 배관 등의 장기적인 내구성을 요하는 시설은 조기에 노화되지 않는 내구성 있는 재료와 시공법을 사용해야 하고, 공급원수 및 보충수가 원활히 확보되어야 한다. 경제적인 운영을 위하여 과도한 인공에너지의 사용을 최소화하기 위해서 가급적 자연의 순환원리를 이용해야 한다.

1.2 사전검사

수급인은 이 공사와 관련된 다음 사항의 확인 · 검사에 대한 담당원의 지시를 이행해야 한다.

1.3 운반, 저장 및 취급

1.3.1 방수재

가. 벤토나이트 제품은 건조한 상태로 운반, 저장하며, 물이 들어가지 않도록 보호해야 한다.

나. 시트 방수재는 변형이나 손상이 발생하지 않도록 하고, 직사광선에 노출되거나 지표면에 직접 닿지 않게 보관한다.

1.3.2 지수판

가. 지수판은 재료의 주위에 공기가 자유롭게 유통할 수 있게 저장해야 한다.

나. 지수판은 저장 중 그리고 콘크리트에 부분적으로 묻혀있을 때 48시간 이상 직사일광을 받지 않게 해야 한다.

1.4 측 정

콘크리트구조체, 거푸집, 미장, 마감, 방수 및 밸브, 펌프, 수중등 등의 부속시설을 포함한다.

1.5 시공허용차

가. 물의 순환장치에서의 누수율은 10^{-6}㎥/sec 이내로 한다.

나. 저수조에서의 누수율은 10^{-7}㎥/sec 이내로 한다.

다. 배관은 길이 50m마다 10mm 이내로 한다.

2. 자 재

2.1 저수조

2.1.1 일반 콘크리트

인력비빔 또는 레디믹스트 콘크리트 중 설계도서에 명시된 것으로 하되 다음의 조건을 충족시켜야 한다.

가. 콘크리트의 배합설계는 설계압축강도가 21 N/㎟ 이상이 되도록 한다.

나. 물시멘트비는 50% 이하로 한다.
다. 굵은골재의 최대치수는 20mm 이하로 한다.
라. 슬럼프치는 65mm 이하로 한다.
마. 물고기가 서식하는 저수조는 물고기의 생육에 지장을 초래하는 물질이 녹아나오지 않도록 해야 한다.

2.1.2 고화제 콘크리트

가. 고화제는 잘 혼합된 균질의 시멘트계 경화재로, 그 화학적 성분은 제조업자의 지침에 따른다.
나. 물은 깨끗하고 기름, 산, 염류, 유기물 등이 섞여 있지 않아야 한다.
다. 토양의 입도는 제한이 없으나 큰 흙덩어리나 나무뿌리, 잡초 등을 함유하지 않아야 한다.

2.1.3 수밀 콘크리트

가. 콘크리트의 배합설계는 설계압축강도가 28 N/㎟ 이상이 되도록 한다.
나. 물시멘트비는 45 % 이하로 한다.
다. 굵은골재의 최대치수는 20mm 이하로 한다.
라. 슬럼프치는 65mm 이하로 한다.
마. AE제 또는 AE감수제를 사용하며, 그 사용량은 제조업자의 제품설명서에 따른다.
바. AE제 또는 AE감수제의 사용에 따른 공기량은 3%에서 6% 사이로 한다.
사. 물고기가 서식하는 저수조는 물고기의 생육에 지장을 초래하는 물질이 녹아나오지 않도록 해야 한다.

2.1.4 벽 돌

가. 압축강도가 21N/㎟ 이상이어야 한다.
나. 물속에서 5시간 끓인 후의 함수량이 17% 이하이어야 한다.
다. 물속에 24시간 침적 후의 함수량 / 물속에서 5시간 끓인 후의 함수량=포화도라 할 때 포화도가 0.78 이하이어야 한다.
라. 접착용 모르타르는 에폭시 모르타르 혹은 라텍스 모르타르를 사용한다.

2.1.5 타 일

가. 외장용 타일을 사용한다.

나. 접착용 모르타르 에폭시 모르타르 혹은 라텍스 모르타르를 사용한다.

2.2 방수재

2.2.1 벤토나이트

가. 벤토나이트는 수분 공급시에 건조시보다 10배 이상의 팽창성을 가지는 것이어야 한다.
나. 벤토나이트는 0.85mm체의 통과량이 90% 이상이고, 75 ㎛체의 통과량이 10% 이하이어야 한다.

2.2.2 방수막

가. 방수막의 재료는 신축성이 있는 재료로서 신장률이 200% 이상이어야 한다.
나. 방수막은 5 N/mm^2 이상의 인장강도를 가진 것이어야 한다.
다. 방수막 재료는 적절한 접착방법이 확보된 것이어야 한다.

2.2.3 도막방수액

설계도서에 특별히 도막방수액의 종류가 정해져 있지 않을 경우에는 폴리우레탄 고무계 도막방수재를 사용한다.

2.3 지수판

가. 지수판은 수분의 침투에 대하여 콘크리트의 이음매를 효과적으로 밀봉할 수 있는 내구성과 탄력성이 있고 해당 한국산업규격에 적합한 것이어야 한다.
나. 고무지수판의 재료는 천연고무, 적합한 합성고무 또는 천연 및 적합한 합성고무의 혼성재이어야 한다.
다. PVC지수판의 재료는 PVC기질의 합성고무 플라스틱 화합물재료로 되어야 한다.
라. 지수판은 재질이 치밀하고 균질하게 될 수 있는 공정으로 제조된 것이어야 하며, 구멍과 다른 불순물이 없어야 한다. 지수판의 단면은 전 길이에 걸쳐서 균등하고 대칭이어야 한다.
마. 지수판은 설계도서에 명시된 단면형태와 치수를 가져야 한다.

2.4 인조암

가. 인조암은 불포화 폴리에스테르 수지와 유리섬유 등을 사용한 유리섬유 강화 폴리에스테르(GFRP) 수지로 만든 것으로 공장제작을 원칙으로 한다.
나. 인조암에 사용된 재료는 햇빛, 건조, 동결, 습기 등에 의하여 변질될 우려가 없는 것이어야 한다.
다. 인조암에 사용되는 재료는 휨모멘트에 대한 응력이 0.7 N/㎟ 이상이어야 한다.
라. 유리섬유 사용량은 전체 무게의 25% 이상이어야 한다.
마. 연결철물에 의하여 연결되는 인조암의 부분들은 동일재료로 제작되어야 하며, 색깔, 질감 등에 있어서 동질성이 인정되어야 한다.
바. 인조암의 연결부위에 사용되는 철물은 스테인리스 자재 사용을 원칙으로 한다.

2.5 밸브류

가. 외부에 노출되어 설치되는 밸브류는 손잡이가 분리 가능한 구조를 갖춘 것이어야 한다.
나. 따로 지정하지 않은 경우, 수량을 조절할 필요가 있는 곳에는 글로브 밸브를 쓴다.
다. 따로 지정하지 않은 경우, 관의 개폐에 쓰이는 밸브는 게이트 밸브를 쓴다.
라. 밸브는 사용 최고압력이 0.69 N/㎟ 이상이어야 한다.

2.6 수중조명기구

본체의 누수 및 램프의 파손을 방지할 수 있는 구조로 만들어진 조명기구를 사용해야 한다.

2.7 수경용수

가. 환경정책기본법규 제10조 2항에 근거하여 시행령 제2조의 해당 항에 따른다.
나. 수질은 하천, 호소, 지하수, 해역 등 수경시설의 목적에 부합되는 적정수질을 적용해야 하며, 구체적인 사항은 공사시방서에 따른다.
다. 지하수환경기준 항목 및 수질기준은 수도법 제4조에 의한 음용수의 수질기준 등에 관한 규칙을 적용한다.
라. 수경시설의 수질은 용도에 따라 각각 다른 기준을 선택하며 일반적으로 표 20050.1의 기준을 적용한다.

표 20050.1 수경시설 용수의 수질기준

항 목	친수용수	경관용수	자연관찰용수
수소이온농도(PH)	6.5~8.5	6.5~8.5	5.8~8.6
생물학적 산소요구량(BOD(mg/ l)	3 이하	6 이하	5 이하
부유물질량(SS)(mg/ l)	5 이하	15 이하	15 이하
악 취	불결하지 않을 것	불결하지 않을 것	불결하지 않을 것
대장균군수(mPN/100mℓ)	1,000 이하	5,000 이하	5,000 이하

2.8 식생 및 어류

식생 및 어류는 계약도서에 명시된 바에 따른다.

3. 시 공

3.1 기초, 콘크리트 공사

가. 관련 규준의 시공방법을 적용한다.
나. 콘크리트 저수조는 수밀하고 동절기에 파손되지 않는 구조이어야 한다.
다. 물고기가 서식하는 저수조는 배설물의 청소가 용이하도록 바닥을 마감해야 한다.

3.2 방수공사

3.2.1 진흙방수

가. 방수용으로 사용되는 진흙은 투수계수가 10^{-7}mm/sec 이하이어야 하며, 투수계수가 기준에 미치지 못할 경우에는 벤토나이트를 혼합하여 기준 이하가 되도록 조정해야 한다.
나. 방수용으로 쓰이는 진흙은 다짐시험을 하여 최대 건조밀도를 얻을 수 있는 함수상태에서 시공해야 한다.
다. 벤토나이트는 분말상태로 혼합해야 한다.
라. 방수용 진흙 포설 후 최대 건조밀도의 90% 이상이 나오도록 골고루 다진다.
마. 지반이 침하될 우려가 있을 때에는 진흙을 깔기 전에 보강용 부직포를 깔아야 하며, 부직포는 1m당 1톤의 인장력에 견딜 수 있는 것이어야 한다.
바. 진흙의 포설두께는 150mm 이상으로 한다.

3.2.2 방수막 방수

가. 방수막을 지지할 하부의 토양은 충분히 다진다.
나. 방수막의 설치시 방수막이 찢어지지 않도록 토양의 표면에 요철이나 예리한 돌출물이 없어야 한다.
다. 방수막재는 담당원의 승인을 받은 후 제작자의 지침에 따라 방수막재의 주름과 공기 주머니가 최소가 되도록 설치해야 한다.
라. 방수막재의 이음은 100mm 이상 겹치게 해야 한다.
마. 방수막재는 제작자의 지침에 따라 떨어지지 않게 접착시켜야 한다.

3.2.3 도막방수

가. 도막방수재를 도포할 콘크리트 표면에 방수재의 부착 또는 방수시공에 해로운 이물질이 있는지 확인하고 이를 제거해야 한다.
나. 콘크리트 바닥면에 구멍이나 균열이 있는지 확인하고, 필요에 따라 보완조치를 해야 한다.
다. 바탕이 충분히 건조되어 있는 상태에서 시공한다. 콘크리트를 친 후 40일 이후에 하는 것을 원칙으로 한다.
라. 표면조절제는 제작자가 추천하는 양으로 도포하고, 비나 서리로부터 보호해야 한다.
마. 방수재료는 제작자의 지침에 따라 도포하되 양생된 방수재의 두께는 2mm를 표준으로 한다.
바. 모서리, 교차부 및 각진 부분에서는 방수재의 두께를 더 두껍게 해야 한다.

3.3 호안축조

3.3.1 자연못

가. 호안축조시 호안 외부로 물의 유출이 없도록 축조면 방수를 해야 하고, 물로 인한 축조면의 구조적인 약화를 방지하기 위한 지반다짐 및 구조체 보완시설을 해야 한다.
나. 호안축조시 자연석쌓기를 할 때에는 조경석공사의 해당 규정을 따르고, 호안축조시 사용되는 목재 등 물에 약한 재료는 방수 및 방부처리를 하여 사용해야 한다.
다. 섬 만들기, 취수구, 배수구 등의 시설은 설계도서 및 공사시방서에 따른다.

3.3.2 인공연못

가. 찰쌓기방식의 구조체인 경우 구조체 이면의 용출수를 배수하기 위한 배수구나 맹암거

를 설치해야 한다.
나. 지반과 축조면이 연약한 곳은 사전에 구조보강공사를 한 후 축조면을 조성해야 한다.
다. 호안은 주변 배수체계 및 생태계에 부정적인 영향을 주지 않도록 조성해야 한다.
라. 섬 만들기, 취수구, 배수구 등의 시설은 설계도서 및 공사시방서에 따른다.

3.4 표면 및 마감처리

3.4.1 콘크리트제물 마감

가. 거푸집은 손상이 없는 것을 사용하여 해체 후에 마감면의 요철을 예방하고, 요철이 발생하였을 때에는 표면을 평활하게 다듬거나 연마해야 한다.
나. 기타의 사항은 이 시방서 20050에 따른다.

3.4.2 모르타르 마감

가. 보호용 모르타르는 설계도서에 따라 일정두께 이상으로 포설해야 한다.
나. 모르타르 포설시 방수면이 손상되지 않도록 하고 최종 마감면을 고르게 해야 한다.

3.4.3 타일 마감

가. 콘크리트 구체에 부착되는 타일은 수분 흡수율이 낮은 타일을 사용해야 한다.
나. 타일 부착용 모르타르는 고운입자의 모래와 접착력이 뛰어난 시멘트를 사용해야 한다.
다. 타일줄눈은 방수 모르타르나 방수성 충전제를 사용하여 수분이 타일 이면으로 침투되지 않도록 해야 한다.

3.4.4 석재 마감

가. 석재로 표면을 마감할 때에는 재료의 이음새 줄눈 사이로 누수되지 않도록 방수모르타르나 방수성 충전제로 처리해야 한다.
나. 석재부착시 수분침투에 의한 재료 이탈을 방지하기 위해 고강도 접착 모르타르를 사용해야 한다.

3.4.5 조경석 마감

가. 조경석의 크기 및 마감높이는 설계도서 및 공사시방서에 따른다.

나. 콘크리트구체에 자연석을 붙일 경우에는 접착용 모르타르가 외부에 노출된 조경석 표면에 묻지 않도록 하고, 시공 후 즉시 모르타르를 제거한다.
다. 조경석은 절리가 고르며 금이 가거나 깨지지 않은 것을 사용해야 한다.
라. 조경석 쌓기를 할 경우에는 이 시방서 조경석공사의 해당 규정을 따른다.

3.4.6 도장마감

도장재는 내수성이 뛰어난 재료를 사용하고 도장피막에 빈틈이 없도록 도장한다.

3.5 지수판의 설치

가. 지수판은 설계도서대로 제자리에 정확하게 설치하고 콘크리트 치기 중 이동되지 않도록 해야 한다.
나. 지수판은 콘크리트 이음매를 중심으로 양쪽으로 대칭이 되도록 설치해야 한다.
다. 콘크리트와 지수판은 그 사이에 공극이 없도록 완전히 채우고 부착해야 한다. 필요한 경우에는 모래와 시멘트의 반죽 그라우트를 사용할 수 있다.
라. 지수판을 팽창이음으로 설치하는 경우에는 지수판의 방울이 콘크리트의 이음매에 있도록 하고, 이음부 이물질이 퇴적되지 않도록 팽창이음 재료와 봉함재를 설치해야 한다.
마. 봉함재를 사용할 때에는 지수판과 봉함재 사이에 분리용 막대를 끼워서 봉함재가 적절한 역할을 수행할 수 있도록 해야 한다.
바. 설치 착오, 거품, 부적한 부착, 투수성, 균열, 어긋남 및 물의 침입으로 지수판의 효과가 훼손될 우려가 있을 경우에는 지수판과 이음매를 제작자의 지침에 따라 보수하거나 대체해야 한다.
사. 지수판을 이어서 쓸 경우에는 용접을 해야 한다.

3.6 배 관

가. 배관의 시공에 앞서 각종 관 및 기기와의 관련사항을 검토하고, 경사를 고려하여 그 위치를 결정한다.
나. 수경용 배관의 기울기는 0.5~1.0 %로 하고, 펌프 쪽을 낮게 하여 설치한다.
다. 관은 길이방향에 대하여 직각으로 절단하고, 절단시 관을 찌그러뜨리지 않는 기구를 사용해야 하며, 절단부위는 관의 내외부가 벗겨지거나 거스러미가 붙어 있지 않도록 마무리한다.
라. 시공 중에는 관의 개구부로 이물질이 들어가지 않도록 플러그 등으로 막아 놓는다.
마. 배관에 누수현상이 발견되었을 때에는 관 혹은 연결구를 교체하여 수리해야 하며, 코

킹재 등으로 수리하여서는 안 된다.

바. 분수노즐을 설치하기 전에 모든 배관에 고압의 물을 통과시켜 관로 내부의 오물과 이물질을 배출시켜야 한다.

사. 관이 콘크리트 내부를 관통하는 경우에는 콘크리트를 치기 24시간 전에 수압시험을 마쳐야 한다.

아. 지중배관의 되메우기는 배관의 수압시험, 도장, 피복 등이 완료된 후 시행한다.

3.7 수중등

가. 수중등은 렌즈 위로 50mm 이상의 수심을 확보하여 등이 수면에 노출되지 않도록 설치해야 한다.

나. 전선은 0.75mm^2 이상의 방수용 케이블을 사용한다.

다. 케이블은 수중에서 접속하지 않도록 하고, 접속시 조인트 박스를 사용해야 한다.

라. 전압은 대지전압 150V 이하로 한다.

마. 사람의 출입이 우려되는 곳에서는 전원의 1차 전압이 300V 이하인 절연 변압기를 사용한다.

3.8 펌 프

가. 펌프의 전동기에는 과전류 및 누전 차단기를 부착해야 한다.

나. 3.7kW 이상의 유도전동기는 기동장치가 부착되어 있어야 한다.

다. 전동기의 철재 받침 및 펌프의 외벽상자는 접지공사를 해야 한다.

라. 펌프류의 기초는 기기의 중량 및 외력에 견디고 설치에 충분한 지지면적을 가지는 철근 콘크리트제로 하며, 지지력이 있는 지반 위에 설치한다. 기초의 높이는 지표면보다 300mm 높게 하는 것을 표준으로 하며, 표면을 모르타르 마감으로 하고, 주위에 배수구를 설치하여 호칭직경 30mm 이상의 염화비닐관으로 외부의 배수로에 연결시킨다.

마. 펌프의 설치는 받침대를 기초 위에 수평이 되게 놓고, 펌프와 전동기를 수평 및 직선이 되게 조정하여 볼트로 고정시킨다.

바. 펌프실, 기계실 등에는 시공업자명, 완성연월일, 탱크의 유효용량, 사용기기의 품명, 규격, 제작소명 및 조작용 배관계통을 기록한 플라스틱제의 도판을 부착해야 한다.

3.9 시 험

가. 수압시험은 담당원의 입회하에 실시해야 하고, 최고 사용수압의 1.5배의 수압에서 30

분 이상 실시하여 누수가 없는 것을 확인해야 하며, 실시 기록은 담당원에게 제출한다.

나. 수압시험은 콘크리트를 치기 24시간 전에 완료되어야 한다.

다. 펌프의 작동을 시험하고, 그 시험성적표를 담당원에게 제출한다.

라. 전동기는 절연저항 및 절연내력을 측정 및 시험하고, 그 시험성적표를 담당원에게 제출한다.

마. 저수조는 설계도서에 표시된 높이만큼 깨끗한 물을 채우고, 48시간 후에 담당원과 함께 누수 여부를 확인해야 하며, 누수가 발견되면 담당원의 지시에 따라 새로운 방수재료로 누수구역을 보수하고 누수시험을 반복해야 한다. 이 때 구조물에 손상이 있으면 보수해야 한다.

20055 | 조경시설공사

1. 일반사항

1.1 제출물

수급인은 다음의 자료 등을 담당원에게 제출해야 하며, 특별히 명시하지 않은 경우의 제출시기는 해당공사 착공 전으로 한다.

1.1.1 인 · 허가 자료

전기사용승인서류

1.1.2 제품관련 자료

가. 도안 및 색채자료를 포함한 지붕재, 부속자재에 대한 제품자료와 기성제품시설의 제작 및 설치도면, 시방서 등 관련 자료를 제출한다.

나. 다음의 견본을 제출한다.
   1) 조명기구 견본품 각 1개(조명특성 및 배광곡선 포함)
   2) 울타리 종류별, 규격별 1경간
   3) 방부처리된 목재(총량 $1m^3$ 이상)
   4) 보온재 $1m^2$(또는 1m)
   5) 조직을 확인할 수 있는 석재 견본(종류별 1개)
   6) 기타 필요한 견본

다. 조립제품인 경우 부품 개요와 수량, 목록이 작성된 부품개요서 및 유지관리지침서를 제출해야 한다.

라. 조립형 놀이시설 등 기성제품의 제작 및 설치도면, 시방서, 보증서, 설치 및 유지관리 지침서 등 관련 자료를 제출해야 하며, 외국어로 표기된 것은 한글로 번역 제출한다.

| 해 설 |

품질경영 및 공산품안전관리법에 의거 어린이놀이기구는 안전검사 대상공산품에 포함되어 있어 모델별로 안전검사를 받아야 하며, 놀이시설을 포함한 기성제품의 경우 제조물의 결함으로 인하여 발생하

는 손해에 대해 제조업자 등의 손해배상책임을 규정하고 있는 제조물책임법에 의거 일정 금액 이상의 제품 및 일반책임보험에 가입한 업체의 제품으로 한정할 수 있다. 이 경우 해당 보험증서 사본을 제출하도록 한다.

1.1.3 시험 및 분석자료

가. 목재방부 및 건조에 대한 시험성과표 및 확인서 등을 시설물 반입시 담당원에게 제출하여 확인을 받는다.

나. 시공 중에 시행한 목재, 석재, 철재, 기타 시설물 재료에 대한 관리시험성과표를 제출한다. 이때 품질시험 시행자격을 갖춘 자의 서명 날인이 있어야 한다.

다. 다음에 규정하는 현장관리시험을 실시하고 그 자료를 제출해야 한다.

1) 경화된 콘크리트 : 배합이 달라질 때 또는 150㎥마다 KS F 2405(콘크리트의 압축강도 시험방법)에 의한 압축강도시험
2) 석재 : 재질변화시마다 KS F 2519(석재의 압축강도 시험방법)에 의한 압축강도시험
3) 기타 : 10,000매당 3매씩의 KS F 3510(점토기와)에 의한 휨파괴 하중시험

1.1.4 시공도

가. 시설물의 설치 세부시공도, 환경조형작품의 사용재료, 기술시방 등을 포함한 세부제작도. 시공도는 토공, 기초, 가공, 마감 등을 포함해야 한다.

나. 안내시설의 안내문, 도형 등 세부도형작업이 필요한 경우 색채의 배합을 포함한 세부도면

| 해 설 |

넓은 의미에서 조경시설물은 옥외 공간에 설치되는 여러 가지 옥외시설물을 의미하는데, 다양한 조경공간의 공간 성격에 부합되도록 조경시설물 역시 매우 다양화 되는 경향을 보여주고 있다. 따라서 조경시설물은 조경공간에 보편적으로 설치되는 놀이시설, 체력단련시설, 휴식시설, 편익시설, 관리시설, 안내시설, 환경조형시설, 경관조명시설 등을 들 수 있다.

1.2 사전검사

수급인은 이 공사와 관련된 다음 사항의 확인 · 검사에 대한 담당원의 지시를 이행해야 한다.

1.3 운반, 저장 및 취급

가. 시설물 설치공사와 관련된 모든 재료는 적정 장소를 선정하여 종류별로 보관해야 한다.
나. 시설 제작 및 설치에 사용될 제품 및 재료가 외기의 영향(햇빛, 건조, 동결, 수분 등)을 받아 변질되지 않도록 바람이 잘 통하는 창고 또는 덮개시설이 있는 장소에 보관해야 한다.
다. 아스팔트 싱글
  1) 옥외에 방치하거나 지면에 닿지 않도록 하고, 패널 등의 위에 보관하되 1.2m 이상의 높이로 적재해서는 안 된다.
  2) 옥외 보관이 불가피한 경우 덮개로 씌워 태양광선 및 비 등을 막아주어야 한다.

1.4 측 정

1.4.1 조립시설물 설치

가. 검측 단위는 동, 개소, 조 등으로 한다.
나 수량은 설계도서에 의해 설치, 완료된 개수를 의미하며 설치 후 뒷정리까지 끝난 상태를 기준으로 한다.

1.4.2 관리시험

시험비용은 품질관리계획이 제출되어 승인되고, 이 계획에 따라 수행한 후 담당원 또는 감리자가 확인한다.

1.5 시공허용차

가. 수직부재 : 높이 1m마다 수직 수평방향으로 ±5mm
나. 수평부재 : 길이 2m마다 ±5mm
다. 바닥과 지붕의 목재 여유 틈은 최대 1mm를 넘어서는 안 된다.
라. 바닥마루판 사용 목재는 요철 및 거친 면이 없이 정밀히 시공되어야 한다.

2. 자 재

2.1 일반사항

가. 검증된 내구재를 사용해야 하며, 신 자재는 내구성시험에 합격한 것이어야 한다.
나. 금속재는 도장 또는 도금처리 되고, 목재는 방부처리되어야 하며, 플라스틱재는 자외선에 안정한 것이어야 한다.
다. 모든 재료와 처리과정에서 인체에 유해한 물질이 있어서는 안 된다.
라. 고정철물이나 연결재 및 덮개는 부식되지 않는 것이거나 부식방지 코팅처리되어야 하며, 공구를 사용하지 않고는 풀리거나 빠지지 않아야 한다.
마. 사용재료의 치수 및 품질은 설계도서의 지정에 따르되, 별도의 규정이 없을 때는 마감치수로 하며, 품질 및 성능이 우수한 시중 최상품으로 하며, 이 경우 시공 전에 견본을 제출하여 담당원의 승인을 받아야 한다.
바. 제출된 재료 견본품 및 석조 견본품 등 자료는 준공시까지 비치한다.
사. 기성제품은 원칙적으로 공장에서 제작하여 현장에 반입 후 설치한다.

2.2 목재, 콘크리트, 철재 및 스테인리스강, 석재, 페인트

목재, 콘크리트, 철재 및 스테인리스강, 석재, 페인트 등은 각기 해당 공사의 시공기준을 따른다.

2.3 합성수지

2.3.1 일반사항

오랜 시간 자외선에 노출되더라도 변질되지 않는 제품으로 한다.

2.3.2 FRP 인조암

이 시방서 수경시설공사의 해당 규정을 적용한다.

2.3.3 아크릴판

가. KS M 3811(일반용 메타크릴 수지판)의 규정에 적합한 일반용 메타크릴 수지판으로, 메타크릴산 메탄올 80% 이상 포함해야 한다.

나. 광선 투과율 91% 이상, 하중변형온도 85℃ 이상이어야 한다.
다. 육안으로 확인하여 금간 곳이 없고 색이 균일해야 한다.

2.3.4 비닐시트

외부 환경변화에 의한 수축이나 이완이 없어야 하며, 자외선에 의한 색상변화에 안정해야 한다.

2.4 점토제품

2.4.1 점토벽돌

가. 벽돌은 KS L 4201(점토벽돌)의 규정에 적합하게 제작된 제품 또는 동등 이상의 미장벽돌 3종으로서, 벽돌쌓기에 지장을 주거나 강도의 저하 및 내구성을 해치는 균열이나 결함이 없어야 한다.
나. 천연점토 또는 점토와 황토를 혼합하여 성형, 건조, 고온 소성시켜 제조한다.
다. 벽돌 평균 흡수율은 7% 이내이어야 하고, 시료 각각의 흡수율은 10 % 이내이어야 하며 외관상 강도의 저하나 내구성을 해치는 균열이나 결함이 없고 색상이 미려해야 한다.
라. 허용차 : 길이방향 ±2mm, 두께 ±3mm

2.5 지붕재

2.5.1 아스팔트 싱글

가. 아스팔트 싱글의 색상은 갈색, 적색, 청색 및 녹색으로 한다.
나. 육안으로 보아 구멍이나 실금, 헤진 곳, 움푹 들어간 곳이나 모서리가 깨끗하게 절단되지 않는 등의 결함이 없어야 하며, 시공 후 열이나 햇볕에 의하여 서로 엉겨 붙는 점착성이 있어야 한다.
다. 길이와 폭은 설계도서에 명시된 규격의 ±3mm 이내이어야 한다.

2.5.2 대나무발

가. 대나무는 재령 3년 이상으로 충분히 건조된 것으로서 곰팡이, 기타 오염이 없어야 한다.
나. 대나무발 한쪽의 폭이 15mm 이내이고, 대와 대의 간격은 5mm 이하로 하고 PVC코팅 철선으로 단단히 엮어야 한다.

2.5.3 점토기와

가. 기와는 KS F 3510의 규정에 적합한 공장제품의 점토기와로 휨파괴하중 20 N/㎟ 이상, 흡수율 12% 이하이어야 한다.
나. 표면 및 상하 마구리면은 평활해야 하며, 옆면은 심한 요철이 없고 모서리가 파손되지 않은 것으로 균열, 모래구멍, 비틀림, 기타 사용상 지장이 있는 흠이 없어야 하며, 내부까지 충분히 소성되어야 한다.

2.6 환경조형재료

가. 작가의 설계에 따른다. 주변시설은 해당 공사의 관련기준을 적용한다.
나. 강관은 휨곡률이 일정하고 주름, 졸림, 찌그러짐이 없는 것을 사용해야 한다.

2.7 전기, 조명재료

2.7.1 소켓 및 기타 재료

가. 기구에는 사기제 또는 절연내열성 소켓과 내식성이 있는 설치용 철물 홀더 등을 사용하고 내열성 인출선의 길이는 150mm 이상으로 한다.
나. 기구, 안정기, 기타 용기 등의 금속부분은 확실하게 접지할 수 있는 구조이어야 한다. 단, 손이 닿을 우려가 없는 장소에 사용하는 것이나 2차 정격전압이 150V를 넘더라도 대지전압이 150V 이하에서 사용하는 것은 예외로 할 수 있다.
다. 전면 유리, 렌즈, 글로브는 어느 것이나 청소 및 개폐가 용이하고 위험이 없는 구조이어야 하며, 유리면은 기포나 흠, 흐림이 없고 온도차, 충격 등에 견디는 것이어야 한다.

2.7.2 금속 반사갓

가. KS C 8009[배광 측정방법(조명용 반사각)]의 규정에 적합한 양질의 제품으로서 직경 300mm 이상의 것은 두께 0.6mm 이상의 강판으로 제작된 것이어야 한다.
나. 용도에 따라 사용하며, 광축이 바르게 지시하는 방향에 소요광도를 낼 수 있어야 하며 녹막이처리된 것이어야 한다. 반사면은 확산성이 좋은 것으로서 기구효율 75% 이상이어야 하며, 알루미늄 반사 등을 사용할 때는 이에 준한 정도 및 효율에 따라야 한다.

2.8 울타리, 난간, 문주용 강관

가. 잔디울타리 원형 철근은 KS D 3051(열간압연 연강판 및 강대)의 규정에 적합한 열간압연 원형봉강으로 한다.

나. 철제울타리, 난간 등에 사용하는 각관은 KS D 3568(일반구조용 각형 강관)의 규정에 적합한 일반구조용 각형강관으로 하고, 막음용 재료는 KS D 3503(일반구조용 압연강재)의 규정에 적합한 일반구조용 압연강재로 한다.

다. 문주용 강관은 KS D 3507(배관용 탄소강관)의 규정에 적합한 일반배관용 탄소강관(흑관) 또는 KS D 3536(기계구조용 스테인리스 강관)의 규정에 적합한 오스트나이트계의 기계구조용 스테인리스 강관으로 한다.

2.9 기타 재료

2.9.1 중고 타이어

설계도서에 명시된 규격으로 하되 표면에 철선이 노출되거나 마모 정도가 심해 구멍이 뚫린 것, 찢어진 것, 오염된 것 등을 사용해서는 안 된다.

2.9.2 모래밭 모래

4.75mm(No.4)체 통과율이 98%, 2.58mm(No.8)체 통과율이 73% 이상이어야 한다.

2.9.3 아스팔트 싱글 고정못

고정못은 길이 20mm, 머리직경 10mm 이상의 아연도금못을 사용한다.

2.9.4 기와 고정못, 결속선, 진흙 등

가. 기와의 고정못은 직경 2.4mm, 길이 450mm 내외의 구리못 또는 아연도금못으로 한다.

나. 결속선은 직경 0.9mm 동선이나 아연도금 철선 또는 콜타르 철선을 2줄로 하여 사용한다.

다. 누름방지용 반죽은 충분히 이겨서 사용한다.

3. 시 공

3.1 토공 및 기초

가. 시설물의 설치와 관련된 기초공사 또는 연관공사는 해당 공사의 관련기준을 적용한다.
나. 놀이시설의 기초지반이 불량한 경우에는 연약지반 개량, 잡석다짐 등을 시행하여 지반을 안정시킨 후에 기초 콘크리트를 친다.
다. 기초가 노출되거나 노출될 우려가 있는 부분의 모서리는 모따기를 한다.
라. 철근을 배근하기 전에 녹이나 먼지, 기름, 기타 콘크리트의 부착력을 감소시킬 위험이 있는 이물질을 제거하고 청소해야 한다.

3.2 조립형 시설물 제작 설치

가. 기성제품은 제조업자의 제작 및 설치시방과 도면에 따라 설치하되, 이 시방서의 관련 규정을 우선 적용한다.
나. 각 부재의 연결상태가 양호하여 흔들림이 없어야 하며, 도장된 면에 흠이 있어서는 안 된다.
다. 방부목재, 침투식 착색목재, 특수합판 등의 목재는 시설물의 기능에 지장을 줄 수 있는 홈이나 갈라진 곳이 없어야 한다.
라. 시설 설치시 규준틀로 균형을 잡아서 수직, 수평이 되도록 시공해야 한다.
마. 시소, 그네, 회전무대 등 회전부위는 회전이 원활해야 하며 소음이 없어야 한다.
바. 철재공사, 목재공사, 도장공사 등은 해당 공사의 관련 항목에 따른다.

3.3 놀이시설

3.3.1 일반조건

가. 모든 놀이시설의 개구부에 머리나 목이 끼일 위험을 줄일 수 있는 구조로 제작, 조립되어야 한다.
나. 뾰족한 부분이나 모서리의 경계부는 최소 곡률반경 6mm 이내로 가공해야 한다.
다. 돌출부는 튀어나온 부분이 없어야 한다.
라. S자형, L자형, 펠리컨형의 훅 등은 서로 맞닿아 있어야 하며, 1mm 이상 벌어짐이 없어야 한다.
마. 어느 한 부재가 움직여 부재끼리 서로 맞물리거나, 고정된 지지대와 움직이는 부분을 받쳐주는 부재 사이가 서로 맞물려 생기는 개구부로 인한 끼임, 물림, 베임이 없도록

시공해야 한다.

바. 놀이시설 부재 사이에 매달려 있거나 바닥과 45° 이내의 수평각도를 이루는 놀이부재 사이에 케이블이나 와이어, 로프 등은 변형 구성품을 사용해서는 안 되며, 매달린 부재는 밝게 채색하거나 주위 시설과 대비되어 눈에 잘 띄도록 해야 한다.

3.3.2 모래밭

가. 바닥은 침하를 대비하여 진동기로 다짐한다.

나. 모래를 깔기 전의 바닥면은 배수를 위한 경사도를 유지해야 한다.

다. 모래깔기의 두께는 전면에 걸쳐서 일정해야 한다.

라. 모래막이는 지면에 수직으로 설치하고, 상단부는 수평을 유지해야 한다. 안쪽 모서리 부분은 모따기로 둥글게 마감하여 위험성이 없게 해야 한다.

| 해 설 |

놀이시설의 바닥은 모래, 나무껍질, 고무매트, 인조잔디 등의 충격을 흡수할 수 있는 재료를 사용해야 한다. 모래를 포설할 경우 모래판 하부에는 배수용 맹암거를 설치해야 하고, 모래깔기 하부 원지반은 맹암거 방향으로 2% 경사지게 정리하여 다음의 기준에 따라 시공해야 한다.

시설물 기초위치를 확인한 뒤에 맹암거 터파기를 시행하며, 터파기를 완료한 뒤 시점과 종점의 높이를 측정하여 기울기를 확인한 후 유공관의 유동이 없도록 고정 배치하고 자갈을 포설한다. 유공관의 주관과 지관이 만나는 부위는 예각이 되도록 하고 분기관 또는 연결관을 사용하여 연결부위가 이탈되지 않도록 유의해야 한다. 부직포 설치는 그 폭을 충분히 하여 양면을 원지반 속 깊이 매설하여 모래 침투에 의한 들림을 방지해야 하며, 특히 빗물받이와 연결되는 종점부위는 완벽하게 도포하여 모래가 침투되지 않도록 해야 한다.

한편, 나무껍질을 사용할 경우에는 이물질을 제거하고 지속적인 관리를 해야 하고, 겨울철의 동결에 의한 고결화, 입자의 분쇄, 이용으로 인한 재료의 이동을 방지하도록 정기적으로 체질을 하고 재료를 보충해야 하며, 미생물이나 벌레의 번식을 방지할 수 있도록 사전소독 및 정기적인 소독을 해야 할 뿐 아니라 나무껍질 내에 깨진 유리나 못 등의 날카로운 물질과 쓰레기 등이 없도록 정기적인 점검을 해야 한다.

고무매트 및 인조잔디 등의 피복재료는 기초면을 평활하게 시공한 후 설치하여 표면의 기복이 없도록 해야 하며, 여름철에는 마찰에 의한 화상을 입지 않도록 적정하게 물을 뿌려야 한다.

3.3.3 그 네

가. 그네의 줄이 체인일 경우는 가공이 정확한 것으로서 서로 연결되는 고리가 일정해야 한다.

나. 줄 상단의 베어링은 좌우로 흔들리지 않아야 하며, 마모시 교체할 수 있도록 설치해야 한다.

다. 그네 베어링집은 정밀하게 조립하여 풀리지 않도록 해야 한다.
라. 발판은 균형이 맞고 연결부분은 파손되지 않도록 단단하게 결속시켜야 한다.
마. 발판으로 타이어를 이용할 때에는 중고품을 사용하고 연결부위는 철판 등을 덧대고 연결하여 흔들림이 없게 해야 한다.

3.3.4 미끄럼틀

가. 미끄럼면은 국부적인 요철이 없으며 미끄러워야 한다.
나. 스테인리스 미끄럼판은 롤 스테인리스 통판을 사용하며, 부득이 연결할 때는 아르곤 선 용접을 한 후 용접부위를 평활하게 다듬어 기능 및 미관상 지장이 없도록 한다.
다. 미끄럼면을 목재로 할 경우에는 목재의 결을 활주방향으로 맞추어야 한다.
라. 회전미끄럼틀의 미끄럼면은 원심력을 고려하여 안쪽으로 경사지게 한다.
마. 미끄럼면 최하단의 앉음판은 배수를 위해 4 % 바깥쪽으로 경사지게 시공한다.
바. 손잡이 부분은 잘 다듬어야 하고 각 부분의 곡률이 일정해야 한다.
사. 설계도서에 별도로 정하지 않은 경우, 모래판 및 지면에서 최종 미끄럼면까지의 이격거리는 200mm를 넘어서는 안 된다.
아. 미끄럼틀의 손잡이 부분과 미끄럼판의 시작 부분은 잘 다듬어져야 한다.
자. 착지판과 미끄럼면의 연결부는 급속한 감속으로 신체가 전도되지 않도록 곡면으로 처리해야 한다.
차. 회전미끄럼틀을 제외하고는 좌우가 수평을 유지하도록 해야 한다.
카. 미끄럼틀의 상단 아치형 관은 곡률이 일정해야 한다.

3.3.5 시 소

가. 지지대와 플레이트 연결부분의 회전이 원활하도록 제작해야 한다.
나. 좌판이 지면에 닿는 부분에 폐타이어 등을 박아 충격을 줄여야 한다.
다. 철재와 목재의 접착부분은 방부제를 도포한 후 접착시켜야 한다.
라. 널판과 철판의 연결부위는 완전히 부착되어야 한다.
마. 각 연결부분에는 주유가 가능하도록 오일 주입구를 만들어야 한다.
바. 타이어 받침은 이용에 불편이 없도록 일정한 높이를 유지해야 한다.
사. 널판은 무게의 중심이 균형을 쉽게 이루도록 설치해야 한다.
아. 설치 완료 후 타이어 내부에 고인 빗물을 처리하기 위해 직경 10mm인 배수구를 5개소 이상 뚫고, 돌출된 철선은 깨끗이 제거해야 한다.

3.3.6 사다리, 정글짐

가. 가로로 설치되는 파이프는 서로 평행되게 해야 한다.
나. 수직부재와 수평부재의 연결부위는 용접 후 요철이 없도록 매끈하게 연마기로 연마해야 한다.
다. 원형으로 제작되는 부재는 전 길이에 걸쳐 곡률반경이 일정해야 한다.
라. 구형일 때 정면 및 평면의 곡률은 전 길이에 걸쳐 일정해야 한다.

3.3.7 회전무대, 회전그네

가. 회전축은 관리를 위한 주유가 필요 없는 베어링으로 설치하며, 굴곡이 없어 회전이 원활해야 한다.
나. 바닥철판은 무늬철판 원판의 사용을 원칙으로 하되, 부득이 철판을 연결하여 사용할 경우에는 지지용 강관 상단에서 용접하여 철판이 견고하게 부착되도록 한다.
다. 회전이 원활하도록 하며 회전축이 일직선이 되어야 한다.
라. PP로프의 마모가 예상되는 접속 연결부위에는 타이어 튜브를 감아주고 손잡이 매듭은 풀어지지 않도록 해야 한다.

3.3.8 조합놀이시설

가. 각각의 단일시설은 각 시설의 시방에 준하여 설치한다.
나. 각 기능 간에 마찰로 위험성이 있는 곳은 유의하여 시공한다.
다. 움직이는 기능의 접합은 손상이 되지 않게 고정하고 이탈되지 않게 해야 한다.
라. 상부판은 물이 고이지 않도록 배수조치를 취한다.

3.3.9 모험유희시설

가. 어린이의 유희, 건강, 안전 및 정서함양에 이바지할 수 있고 모험, 창조적인 놀이가 가능한 시설에 적용한다.
나. 새로운 유형의 시설은 기능성, 안전성, 내구성을 검토한 후 적정하다고 판단될 경우 도입해야 한다.
다. 일반적인 사항은 각 단일유희시설의 시방에 따른다.
라. 설치 후에는 시공 후 평가를 하여 시설의 구조 및 기능의 적정성을 평가해야 한다.

3.3.10 민속놀이시설

가. 민속널뛰기, 민속그네, 줄타기, 말차기, 고누, 장대타기 등 전통적 민속놀이시설에 적용한다.
나. 민속놀이시설의 도입은 전통적 의장이 고려되어야 하며 기능성과 안전성, 내구성을 검토한 후 적정하게 도입한다.
다. 민속널뛰기의 널받침, 민속그네의 좌판 등은 내마모성을 고려하고, 내마모성 고무와 탄성고무를 사용할 때는 목재에 준한 경도 이상이어야 한다.
라. 민속그네는 로프의 꼬임현상이 없어야 하며, 그네의 회전반경과 안전거리를 고려하여 여유공간을 확보해야 한다.
마. 줄타기 로프는 처짐 방지를 위해서 연결할 때 완전히 당긴 후 턴버클 조립을 해야 하며, 로프와 맞닿는 판재부분은 로프와 동일한 폭만큼 절단하고 로프의 마모 방지를 위하여 모서리는 라운딩 처리해야 한다.
바. 말차기 및 고누의 선긋기는 융착식 도로표지용 도료나 열부착 테이프를 사용하여 시공해야 한다.
사. 기초는 지반상태가 불량할 경우 침하 등이 발생되지 않도록 철근콘크리트 구조 등의 방법으로 시공해야 하며, 연결부와 고정부위 등은 느슨하거나 풀어짐이 없도록 하고 비틀림이나 휘어짐이 없도록 정밀하게 마감해야 한다.

3.3.11 폐자재를 이용한 유희시설

가. 폐자재의 모서리, 접합부분, 절단부분 등 위험한 곳은 연마해야 한다.
나. 폐자재는 환경오염이나 이용자의 안전에 대한 사전검증을 거친 후 도입한다.
다. 유희시설의 조기노화를 방지하도록 지속적으로 관리해야 한다.
라. 폐타이어는 설계도서에 표시된 규격으로 하되, 타이어 표면에 철선이 노출되거나 마모 정도가 심해 구멍이 뚫린 것, 찢어진 것, 오염된 것 등을 사용해서는 안 된다.

3.4 체력단련시설

가. 기구 사용 안전거리를 확보하고, 미려하고 견고하게 설치되어야 한다.
나. 이동식 시설의 고정용 장치는 사용하지 않을 때 지상으로 돌출되지 않도록 처리해야 한다.
다. 체력단련 안내판은 안내시설 설치방법에 따른다.
라. 등을 뉘게 되는 의자 윗면은 동일 수평면에 있도록 하고 4주면은 반구형으로 모따기 해야 한다.

마. 발걸이 가공철물은 단단하게 몸체에 고정하고 매끈하게 연마해야 한다.
바. 지주 파이프 상부는 반구형의 철판으로 막음용접하여 빗물이 들어가지 않도록 해야 하며, 철봉의 파이프가 돌아가지 않도록 견고히 설치해야 한다.
사. 손잡이 파이프의 간격은 일정해야 하며, 마구리는 동일 재료로 막음 처리해야 한다.
아. 고무판걸이(스테인리스 환봉 ϕ10)는 손으로 고무판을 쳤을 경우 원위치로 돌아오도록 가공해야 하며, 고무판 가장자리는 샌드페이퍼 등으로 매끄럽게 한다.
자. 손잡이 부착시 스테인리스 강관 관통 후 돌출부는 10mm 이내로 하고 마구리 및 지주 강관 상부는 스테인리스 강판으로 막아야 한다.
차. 회전축 및 균형판은 수평을 유지해야 하며, 베어링 이탈 방지용 철물과 베어링과의 간격은 2~3mm 이내로 한다.
카. 회전축은 녹 방지용 도장을 실시해야 한다.
타. 사용되는 타이어는 모두 동일 규격이어야 한다.
파. 타이어 내 착지면은 평활하게 고른 상태여야 한다.
하. 스테인리스 강관 마구리는 모두 동일 재질로 막아야 한다.
갸. 스테인리스 강관 제작시 상단 예각부는 절단하여 용접접합하며, 하단부는 매끄럽게 절곡해야 한다.
냐. 강관의 곡률 및 간격은 일정해야 하며, 마구리는 동일 재질로 막아야 한다.

3.5 휴식시설

3.5.1 일반사항

가. 높이가 높은 시설물은 창문 및 발코니 전면을 피해 설치한다.
나. 경사면에 설치할 때는 시설물이 수평이 되도록 지반을 조성하며, 급경사 지역은 자연석 쌓기 및 기타의 방법으로 보완하여 기반을 안정시킨 후 설치한다.

3.5.2 의자, 야외탁자

가. 재료에 따라 목재공사, 철재공사, 기초 · 콘크리트 공사 등의 관련규정을 적용한다.
나. 받침기둥이 콘크리트 구조체인 경우에는 정밀한 거푸집공사로 별도 제작하고, 거푸집 해체 후 요철부위는 그라인더로 평활하게 다듬는다.
다. 등받이 의자의 등과 맞대는 면의 경사각은 앉은 자세에서 편안하고 전 길이에 걸쳐 일정해야 한다. 따로 정하지 않은 경우의 경사각은 110°로 한다.
라. 등의자 좌판 및 등판을 구조체와 볼트로 연결할 때는 볼트의 머리부분을 판에 묻히게 하고 구멍을 매립해야 한다.

마. 사각의자의 4면이 이어지는 부분은 동일한 예각으로 완전맞춤이 될 수 있도록 한다.
바. 볼트 접합부위는 접착제를 덮어 빈틈이 없도록 하고 볼트는 충분히 조여야 한다.
사. 볼트의 구멍은 정면에서 보아 일직선상에 있도록 해야 한다.
아. 발밑 부분은 배수가 잘 되도록 처리한다.
자. 이동식 야외탁자는 지지부위가 균형을 이루도록 수평을 정확히 맞추어야 한다.
차. 기초 콘크리트 상단은 스테인리스 강판 조립시 틈이 발생치 않도록 콘크리트를 칠 때 평탄하게 마무리되어야 하며, 기초 콘크리트에 삽입하는 앵커위치에는 먹줄놓기를 하여 앵커가 수직으로 놓이도록 주의하여 시공한다.

3.6 편익시설, 관리시설

3.6.1 음수전

가. 겨울철 동파를 방지하기 위한 보온시설 및 퇴수시설을 설치해야 한다.
나. 급수배관은 배관공사 시방서를 적용하며 음수대에 별도의 제수밸브를 설치해야 한다.
다. 물이 떨어지는 바닥면은 배수구 쪽으로 경사를 두어 물이 고이지 않도록 하고, 표면수를 투과시킬 수 있는 표면 마감재료를 사용해야 한다.
라. 배수구는 청소가 용이하도록 설치한다.

3.6.2 화분대(플랜터)

가. 플랜터 식재식물의 최소 생육토심을 확보해야 한다.
나. 수목이 식재되는 토양부분은 배수구를 설치하여 배수관에 연결시켜야 한다.
다. 플랜터의 토양은 플랜터의 최상부보다 낮게 하여 관수나 강우시에 플랜터 내의 토양이 외부로 흘러나오지 않도록 한다.
라. 석재 플랜터는 가장자리와 코너 부위를 둥글게 마감하여 예각에 의한 파손을 최소화한다.
마. 사각형 플랜터의 코너부위는 예각접속을 피하기 위해 통돌을 사용하고, 이 경우에 별도의 가공품을 적용한다.

3.6.3 울타리 및 잔디보호책

가. 곡선 또는 원형으로 가공되는 부분은 그 곡률이 일정해야 한다.
나. 연결부분의 용접을 견고하게 하여 떨어지지 않도록 한다.
다. 직선부는 수직 · 수평을 유지하고 간격이 일정해야 하며 시공 도중의 충격으로 기초 콘크리트와 지주강관이 이완되지 않도록 유의해야 한다.

라. 경사지에 설치하는 경우에는 경사면과 평행하게 설치하되, 간살은 수직으로 설치해야 한다.
마. FRP 펜스의 직선부재는 인접한 직선부재와 평행해야 하며, 횡대와 세로대를 접착제로 완전히 접착한 후 볼트조임을 해야 한다.

3.6.4 휴지통

가. 볼트 연결부의 결속작업은 휴지통의 여닫음 등 오물 수거시 원활하게 이루어질 수 있도록 조치해야 한다.
나. 스테인리스 강판 용접부위는 연마 등 마무리 작업을 시행하여 평활하게 다듬어야 한다.
다. 통의 내부 바닥에 물고임이 발생하지 않도록 물 빠짐 구멍을 뚫어야 한다.

3.6.5 시계탑

가. 형태, 구조, 재료, 색상, 기능 등은 설계도서 및 공사시방서에 따르되 식별성이 확보되어야 한다.
나. 야간 이용을 위해 주변에 조명을 설치하거나 옥외조명시설의 위치를 감안하여 위치를 선정한다.

3.6.6 자전거 보관대

가. 자전거 보관대는 고정형과 이동형으로 구분하여 설치한다.
나. 도난이나 파손을 방지하기 위해 잠금장치를 설치한다.
다. 고정식의 경우 가급적 강우, 강설, 일사광 등으로부터 자전거를 보호하기 위한 지붕을 설치한다.
라. 지붕천막로프 연결시 장력이 균일하게 작용하여 처지거나 주름이 생기지 않도록 팽팽하게 시공해야 한다.

3.7 안내시설

3.7.1 제작, 설치

가. 기초는 기초 및 콘크리트 공사의 해당 규정을 따르며, 설치에는 수직 및 수평이 맞아야 한다.
나. 바닥 기초와 볼트, 너트로 결합을 철저히 하여 바람에 의하여 흔들리거나 넘어지지 않

도록 조치한다.

다. 기초부분에 목재를 사용할 경우에는 지면에 접착되는 부분에 방부처리를 하고, 철재를 사용할 경우에는 이중도장을 하여 녹슬음을 방지해야 한다.

라. 형강은 녹막이 페인트를 2회 도장한다.

마. 안내 및 표지판은 먼저 판을 제작 및 인쇄하고 지지용 스테인리스 강관 용접 설치시에 인쇄부분에 손상이 가지 않도록 유의해야 한다.

바. 안내판은 설치위치에 따라 이용자가 전방을 주시했을 때 안내도와 실제 건물배치 방향이 일치하도록 도안해야 한다.

3.7.2 접 합

가. 고정 및 접합부분은 손상시 교체가 가능하도록 용접을 피하도록 한다.

나. 각 접합부는 빗물이 새지 않도록 코킹재 주입 등 적절한 조치를 해야 한다.

3.7.3 표기 및 인쇄

가. 수작업에 의한 표기에는 작업 전에 글씨체와 문양에 대한 협의를 하여 시공결과물의 오차범위를 줄여야 한다.

나. 인쇄에 의할 때에는 필름판 제작시 각 색상별로 차이가 없도록 처리해야 하며, 제판시 스크린사의 재료는 스크린의 망이 일정한 것을 사용하고, 인쇄시에 색상별로 정확하게 부착 및 인쇄하여 인쇄도 중 밀리거나 수축하여 색이 이중으로 중복되지 않게 해야 한다.

다. 표지판의 화살표는 주요시설의 방향을 8방향으로 구분하여 양면 인쇄한다.

라. 인쇄용 잉크는 색도가 선명하고 질이 좋은 잉크를 사용한다.

3.7.4 도장

가. 지지용 스테인리스 강관 및 강판은 헤어라인 처리를 하며, 밴딩부위에 굴곡이 심하지 않아야 한다.

나. 기둥 상부는 스테인리스 강판으로 마감하여 기둥 내로 빗물이 스며들지 않도록 한다.

다. 글씨 및 문양 표기 작업이 끝난 후에는 마감표면 상태를 정리하고 각 재료에 따른 적정한 보호양생조치를 해야 한다.

라. 금속판이나 법랑판 인쇄의 경우 열처리를 하고, 표면을 깨끗이 닦은 후 비닐시트지를 부착하고, 조각의 경우에는 표면에 마감도료를 칠하고 먼지 등의 이물질이 없는 곳에서 경화시킨다.

마. 정전도장, 분체도장, 전착도장 등은 도장공장에서 작업하도록 해야 하며, 필요한 경우에는 제작공장의 시설에 대한 사전검사를 해야 한다.

3.8 환경조형시설

3.8.1 적 용

가. 환경조형시설은 조경 내에 설치하는 환경조각이나 조각공원의 조각 설치에 적용한다.
나. 기념비, 환경조각, 석탑, 상징탑, 부조, 환경벽화 등 예술성과 환경이 조화를 이룰 수 있는 시설물을 포함한다.

3.8.2 제작, 설치

가. 제작 및 설치시공은 작품을 구상한 설계자 및 작가의 기본구상과 설계의도에 적절한 작품을 제작해야 한다.
나. 환경조형시설 설치에는 균형을 잡아 수직 · 수평이 유지되도록 시공해야 한다.

3.8.3 외부작업

가. 필요한 경우 외부작업을 할 수 있다.
나. 외부작업시 제작장소, 제작기간, 제작자 등을 담당원에게 미리 보고하고 승인을 받아야 한다.
다. 작품 반입시 훼손이 없어야 하며, 담당원 및 작가가 입회하여 제작의 적정성을 확인해야 한다.

3.9 경관조명시설

3.9.1 등 및 등주

가. 외부에 쓰이는 등은 직접 혹은 간접적 방법으로 방수해야 한다.
나. 등주와 지면의 접합부는 등주가 수직으로 직립해 있도록 견고히 부착되어야 한다.
다. 등주 및 등까지의 배관 및 전원연결공사는 전기공사 표준시방서의 규정을 따른다.

3.9.2 안정기

주위온도는 40℃ 이하에서 사용하며 30℃까지의 주위온도에서도 견딜 수 있어야 하며 안정기를 단독으로 설치할 때는 금속제 함에 넣어서 사용한다.

3.9.3 시설 접합구조

가. 갓은 램프를 바꾸어 끼우는데 편리한 것으로서 열 발산을 위한 통기와 빗물 빠짐이 원활한 구조이어야 한다.

나. 유리와 금속이 접합되는 부분은 유리의 파손과 비바람에 견디며 먼지가 들어가지 못하는 구조이어야 한다. 금속부는 녹막이 도장 또는 내식성 금속을, 박킹류는 내열성 재료를 사용한다.

3.9.4 기구의 설치

가. 벽부착형 또는 펜던트 등은 빗물이 스며들지 않도록 주의하여 설치하며, 상부로 향하는 등 기구 및 홀더에는 직경 3mm 내외의 배수구멍을 만든다.

나. 안정기, 개폐기 등은 등주의 하부에 내장하거나 내화성을 확보하고 점검이 용이한 소정의 장소에 빗물이 침입하지 않도록 견고하게 설치해야 한다.

다. 기구설치용 홀더, 암류 등은 아연도금 또는 녹막이 도장을 한 것을 나사류, 볼트 등으로 견고하게 설치하고, 자동점멸기는 일몰 후의 자동점등 기능에 지장이 없도록 개폐기 부근 옥외벽면의 손이 닿지 않는 안전하고 건조한 장소에 2.5m 이상의 높이로 설치한다.

3.9.5 정원등, 공원등, 분수용 조명장치 및 기타의 방전등

형태, 구조, 색상, 밝기 등은 계약도서에 따르고, 일반사항은 조명등 시방규정을 적용한다.

3.10 타이어시설물 공사

가. 중고 타이어 표면이 철선 노출이나 마모의 정도가 심해 구멍이 뚫린 것, 찢어진 것, 오염된 것은 사용해서는 안 된다.

나. 설치완료 후 직경 10mm의 배수구를 최소한 5개 이상 뚫어 주어야 한다.

다. 타이어 설치를 위한 기초 콘크리트는 바닥면을 평활하게 고른 후 정치시켜 현장치기 한다.

3.11 합성수지시설 제작 설치

3.11.1 절단, 성형

가. 이어 붙이는 것을 금한다.
나. 성형은 곡선면, 각도 등을 잘 맞추어야 한다.
다. 소량 제작시설에는 수작업으로 하고 대량 제작시설에는 기계몰딩으로 한다.
라. 수작업시 상단 몰드면은 미려하게 처리한다.

3.11.2 피막작업

가. 몰드면 위에 스프레이 건으로 겔코트를 0.35mm 이상 도포 경화시킨다.
나. 적층작업 : 겔코트 경화면 위에 골고루 수지를 도포하고 규정의 유리섬유를 설계두께가 되도록 롤러로 탈포작업 후 경화시킨다.
다. 내식수지 코팅작업 : 비스페놀계 내식수지를 0.6mm 이상 코팅작업한다.
라. 불소수지 피막작업 : 겔코트면을 융으로 깨끗이 닦고 그 위에 불소수지 140g/㎡ 이상이 되도록 도포한다.

3.11.3 접합작업

가. 타 재료와 접합에는 이 절의 목재시설 및 철재시설의 접합방법을 적용하고, 리베트 및 볼트너트접합으로 한다.
나. 부재의 접착에는 재료의 표면을 적절한 방법으로 처리하고, 피착재의 종류에 적합한 접착제를 선정해야 한다. 높은 온도에서의 작업을 피하고 시공 후에 박리, 박탈 등이 없도록 주의하여 시공해야 한다.
다. 용제형 접착제는 피착재의 침식이 없는 것을 선택하여 인화하지 않도록 주의하여 사용하고 작업장을 충분히 환기시켜야 한다.

20060 | 실내조경공사

1. 일반사항

1.1 제출물

1.1.1 현황관련 자료

수급인은 관련 설비 등을 확인한 뒤에 이를 고려하여 시공계획서를 작성하고, 공사착공 전에 담당원의 승인을 받아야 한다.

1.1.2 제품관련 자료

수급인은 관련 자재의 제품설명서, 품질확인서 등의 제품자료를 제출해야 한다.

1.1.3 공사준공시

수급인은 공사를 준공할 때 관수, 시비, 병충해 방제, 전지 및 전정, 초화류의 교체 식재 및 보식 등을 포함하는 연간 유지관리지침서를 제출해야 한다.

| 해 설 |

실내조경은 인간이 만들어낸 각종 건축공간을 대상으로 한 조경활동으로써 그 범위는 실내(indoor)는 물론 실외와의 전이구간이 되는 아파트와 주택의 현관으로부터, 거실, 침실, 부엌, 화장실, 베란다(veranda)와 발코니(balcony), 선룸(sun-room), 상업시설, 종교시설, 체육시설, 학교시설, 공공관리시설 등의 아트리움(atrium)에 이르기까지 각종 실내공간을 대상으로 실내식물의 생장을 위한 기반조성과 식물재료의 식재, 기타 점경물을 설치하는 조경공사를 포함한다.

1.2 운반, 저장 및 취급

가. 식물재료의 운반은 덮개가 있는 차량으로 운반해야 하며, 운반 중 식물의 유동을 방지하고 수형이 훼손 또는 변형되지 않도록 주의해야 한다.

나. 각종 실내식물과 관련 자재는 현장도착 즉시 제 검사를 철저히 한 뒤에 반입하여 시공

해야 하며, 필요한 경우 원산지검사를 행할 수 있다.
다. 공사와 관련한 자재는 적정한 장소를 선정하여 종류별로 구분하여 보관해야 한다.
라. 실내식물의 취급에는 식물이 손상되지 않도록 조심스럽게 다루며, 떨어뜨리거나 쏟아 부어 뿌리분이 깨지지 않도록 한다.

1.3 공사 전 협의

실내조경공사와 관련하여 건축, 설비, 전기공사 책임자와 다음 사항을 협의해야 한다.
가. 채광시설
나. 조명시설
다. 급수 및 배수시설
라. 냉난방 및 환기설비
마. 바닥방수 등

1.4 유지관리

실내식물을 위한 유지관리는 식물 공급자가 제시하는 유지관리지침서에 따라 실시하며, 별도의 계약서류에 달리 명시된 바가 없는 경우, 수급인 또는 하수급인은 공사를 완료한 후 3월까지 주1회 이상 방문하여 관리해야 한다.

2. 자 재

2.1 용기와 플랜터

2.1.1 용 기

수목식재용 용기는 나무, 점토, 플라스틱, 자기질, 세라믹, 돌, 금속 등으로 만든 용기 중 설계도서에 명시된 것을 사용하며, 제조업자의 제작시방에 적합해야 하고, 외관상 결점이 없는 내구성 있는 제품이어야 한다.

2.1.2 플랜터

가. 플랜터 설치를 위한 구조물 자재는 이 장 조경구조물공사의 해당 자재기준에 적합해야 한다.

나. 플랜터 안의 배수시설 자재는 이 장 배수공사의 해당 자재기준에 적합해야 한다.

2.2 토 양

실내식물의 생장기반이 되는 토양은 식물의 종류와 여건에 적합하도록 인공토양에 산흙, 마사토, 모래, 부엽토, 바크, 피트모스, 펄라이트, 질석, 화산회토 등의 토양개량제를 계약도서에 명시된 종류와 비율로 혼합한 배합토 또는 혼합 포장되어 있는 인공배합토를 사용하며, 달리 정하지 않는 한 토양부피에 대한 젖은 무게비중이 0.6~1.2 kg/㎤이며, 토양산도(pH) 범위는 5.5~6.5가 되도록 한다.

2.2.1 배합토의 조정

가. 비중을 가볍게 하려면 유기물과 거친 입자의 토양개량제를 첨가한다.
나. 토양산도를 중화시키려면 질산칼슘비료나 석회를 첨가하고, 산성화시키려면 토양배합물에 피트모스를 첨가한다.
다. 물의 침투와 이동이 불량하면 거친 무기물이나 유기물을 첨가하여 공극률을 증대시킨다.
라. 수분을 충분히 함유하지 못할 경우 유기물을 좀 더 많이 첨가시킨다.
마. 통기가 불량할 경우 거친 입자의 토양개량제를 첨가하며, 토양이 적절한 습윤상태에서 작업하고, 식재작업을 할 때 지나치게 전압하지 않도록 한다.

2.3 식물재료

2.3.1 종 류

실내식물은 지피식물, 초화류, 관엽식물, 수생식물, 난과식물 이외에 일반 수목이나 잔디 및 인조식물재료 등이 있으며, 그 종류와 규격은 설계도서에 따른다.

2.3.2 품 질

가. 실내식물재료의 품질은 이 장(식재공사)의 품질규정을 따르며, 병충해에 감염되지 않은 견실한 식물로 줄기나 잎이 무성하고 잔뿌리 발생이 좋아야 한다.
나. 나무높이 3m 이상의 큰 수목은 3월 이상, 그 이외의 식물재료는 3주 이상 빛의 강도를 줄여주는 등 환경순응기간을 거쳐야 한다.

2.3.3 규격표시

가. 식물재료의 규격은 성상에 따라 식물의 높이(H : m), 수관폭(W : m), 근원직경(R : ㎝), 수관 수평길이(L : m)를 기준으로 하며, 지피류 및 초화류의 경우 화분폭(치)과 초장(H : m)을 다음과 같이 규격표시한다.

나. 곧게 자라는 식물(벤자민고무나무, 아레카야자, 떡갈잎고무나무, 왕대, 맹종죽, 행운목, 쉐프렐라, 식나무, 관음죽, 켄챠야자, 아랄리아, 크로톤, 팔손이나무, 드라세나, 스파티플룸, 백량금, 산세베리아, 후크시아 등)은 높이(H)×수관폭(W)으로 표기하며, 소철, 해고, 워싱턴야자 등은 높이(H)×수관폭(W)×근원직경(R)으로 표기한다.

다. 키가 낮은 지피류 및 초화류 중 식물 폭이 화분 폭보다 큰 아스플레니움, 꽃베고니아, 아디안텀, 페페로미아, 빌베르기아, 아프리카봉선화, 안스리움, 셀라기넬라 등과 식물 폭이 화분 폭보다 작은 속새, 히야신스, 크로커스 베르누스 등은 화분폭(치)×초장(H)으로 표기한다.

라. 아브틸론, 클레로덴드룸, 스킨답서스, 서양담쟁이, 호야, 마렌고아이비, 러브체인, 왕모람 등 덩굴성 식물은 높이(H)×수관 수평길이(L)로 표기한다.

마. 기타 특수한 수형을 채택하는 경우에는 공사시방서에 따른다.

2.3.4 검사 및 측정

가. 식물재료 검사는 재배지(생산지) 검사와 반입 후 검사로 구분하는데, 재배지 검사에 합격해도 반입시 훼손되거나 상태가 악화된 것은 반입 후 검사시 합격품으로 처리할 수 없다.

나. 규격의 측정검사는 수형상태에 따라 수고, 수관폭, 근원직경, 수관길이 표시 규격의 ±10% 범위 내에서 합격품으로 처리할 수 있다.

다. 식물재료의 규격은 설계도서에 의거하되 별도 규정이 없는 한 장식화분 등을 사용하여 화분이 노출되는 경우는 화분을 포함한 높이(H)로 하고, 그 외에 화분을 빼고 인공토양에 직접 식재하거나 화분을 노출시키지 않고 식재할 때에는 분을 뺀 식물높이로 측정한다.

2.4 첨경물

2.4.1 휴게시설

의자 등의 휴게시설은 이 시방서 옥외장치 및 시설공사의 해당 자재기준에 적합해야 한다.

2.4.2 조각물

석탑, 석등, 장승 등 심미적 가치와 토속성 있는 재료로서 설계도서에 따른다.

2.4.3 조경석

조경석은 이 시방서 조경석공사의 자재기준에 따르거나 수경시설공사의 인조암 기준에 준하여 제작한 것으로 한다.

2.4.4 분수 및 벽천

분수 및 벽천과 관련한 자재는 이 시방서 수경시설공사의 해당 자재기준에 적합해야 한다.

2.4.5 조명등

조명등은 이 시방서 조경시설공사의 해당 자재기준에 적합해야 한다.

3. 시 공

3.1 플랜터

가. 플랜터 설치를 위한 구조물 공사는 이 시방서 조경구조물공사에 준한다.
나. 관수시설은 이 장 관수공사의 해당 항에 준한다.
다. 배수시설 등 플랜터 안의 식재기반 조성은 이 장 식재공사의 인공지반 조성에 준하되, 배수구에는 가스흡입 방지를 위한 U자관을 설치해야 한다.

3.2 실내식물 식재

3.2.1 식재시기

식재시기는 특별히 규정하지 않으나 실내에 먼지가 발생하거나 도장작업을 할 때에는 식재할 수 없다.

3.2.2 식재방법

실내식물의 식재방법은 이 시방서 식재공사에 준한다.

3.2.3 점경물 설치

점경물은 내부공간구조나 마감재료의 종류 등을 고려하여 중심목과 조화되고 시각적 초점이 되도록 설치하며, 설치방법은 시공업자의 지침에 따른다.

| 해 설 |

실내식물의 식재에는 식재용토와 관련하여 배수시설을 설치한 뒤에 식재구덩이 상단에서 15㎝ 되는 지점에 뿌리분 상단이 위치하도록 한 후 규정된 배합토로 구덩이를 채워야 한다. 식물은 필요시 규정된 높이와 폭 범위에서 전정하되 초두를 잘라내어서는 안 되며, 화목류의 경우 손상된 지엽 등을 제거해야 한다. 한편, 뿌리분 상단이 식재구덩이 경계높이가 되도록 하여 구덩이 중심에 올려놓고 주위를 배합토로 채워 빈곳이 없도록 하며 분을 감싼 재료는 제거한다. 흙을 2/3 정도 채운 상태로 관수해야 하는데, 뿌리분이 없는 식물은 배합토를 돋우어 올려놓고 뿌리를 잘 펴서 손상되지 않도록 흙을 덮어 식재해 준다.

특히, 시공과정에서 식물의 개체미와 배식미를 고려한 식재위치와 방향을 고려해야 하며 필요시 담당원과 협의하여 식재위치와 방향을 조정할 수 있다.

3.3 청 소

실내조경공사의 잔재는 현장 밖으로 반출하고 주변을 깨끗이 청소해야 한다.

건축공사표준시방서 해설 / 조경공사

2009년 1월 5일 1판 1쇄 인쇄
2009년 1월 10일 1판 1쇄 발행

저 자 사단법인 대한건축학회
서울시 동작구 남부순환로 2083 대한건축학회 회관
(사당동 1044-34 건축회관)
전화 02) 525-1841~4
팩스 02) 525-1845
http://www.aik.or.kr

발 행 인 강해작

발 행 처 기문당
서울 성동구 공명길 39(하왕십리동 966-22)
전화 2295-6171(代)~5
팩스 2296-8188
출판등록 1976. 10. 7 (1-44)
http : // 기문당
http : // www.kimoondang.com

I S B N 978-89-6225-077-0 93540

정 가 12,000원